彩图 1-1 87-1（王海波拍摄）

彩图 1-2 京蜜（徐海英提供）

彩图 1-3 华葡 2 号（王海波拍摄）

彩图 1-4 夏黑（王世平提供）

彩图 1-5 火焰无核（王海波拍摄）

彩图 1-6 金手指（王世平提供）

彩图 2-1 克瑞森无核（王海波拍摄）
彩图 2-2 意大利（王海波拍摄）
彩图 2-3 红地球（王海波拍摄）
彩图 2-4 巨峰（王海波拍摄）
彩图 2-5 玫瑰香（王海波拍摄）
彩图 2-6 秋黑（王世平提供）

彩图 3-1 华葡 1 号（王海波拍摄）

彩图 3-2 北冰红（艾军提供）

彩图 3-3 葡萄无土栽培（史祥宾拍摄）

彩图 3-4 树盘覆盖（史祥宾拍摄）

彩图 3-5 花穗留穗尖整形之一（陶建敏提供）

彩图 3-6 花穗留穗尖整形之二（陶建敏拍摄）

彩图 4-1 葡萄霜霉病症状（叶部感染 3-5 天）
彩图 4-2 葡萄霜霉病症状（叶部感染 4-12 天）
彩图 4-3 葡萄灰霉病症状（枝条）
彩图 4-4 葡萄霜霉病症状（幼果）
彩图 4-5 葡萄灰霉病症状（花序）
彩图 4-6 葡萄灰霉病症状（幼果）

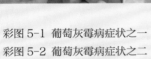

彩图 5-1 葡萄灰霉病症状之一
彩图 5-2 葡萄灰霉病症状之二
彩图 5-3 葡萄灰霉病症状之三
彩图 5-4 葡萄酸腐病症状
彩图 5-5 葡萄酸腐病症状（套袋）
彩图 5-6 葡萄酸腐病症状（醋蝇）

彩图 6-1 葡萄酸腐病症状（整穗感染）
彩图 6-2 葡萄白粉病症状（枝条）
彩图 6-3 葡萄白粉病症状（叶片）
彩图 6-4 葡萄白粉病症状（果实一）
彩图 6-5 葡萄白粉病症状（果实二）
彩图 6-6 葡萄黑痘病症状（新梢）

彩图 7-1　葡萄黑痘病症状（幼叶）
彩图 7-2　葡萄叶片毛毡病症状之一
彩图 7-3　葡萄叶片毛毡病症状之二
彩图 7-4　葡萄黑痘病症状（果实）
彩图 7-5　葡萄毛毡病症状（嫩叶）
彩图 7-6　葡萄叶蝉危害状（叶片）

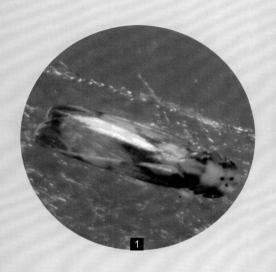

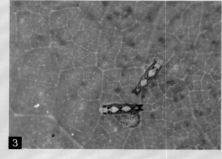

彩图 8-1 葡萄斑叶蝉成虫

彩图 8-2 葡萄斑叶蝉若虫

彩图 8-3 葡萄二黄斑叶蝉成虫

彩图 8-4 绿盲蝽危害叶片状之一

彩图 8-5 绿盲蝽危害叶片状之二

彩图 8-6 绿盲蝽危害叶片状之三

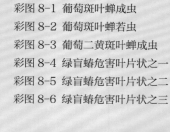

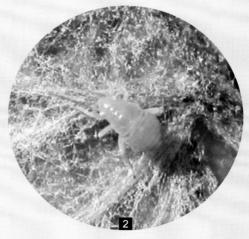

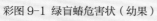

彩图 9-1 绿盲蝽危害状（幼果）
彩图 9-2 绿盲蝽若虫
彩图 9-3 绿盲蝽成虫
彩图 9-4 葡萄短须螨
彩图 9-5 葡萄粉蚧危害状（枝蔓）
彩图 9-6 葡萄粉蚧危害状（叶片）

彩图 10-1 康氏粉蚧（套袋果实）
彩图 10-2 水木坚蚧危害状（果实）
彩图 10-3 水木坚蚧危害状（枝蔓）
彩图 10-4 葡萄粉蚧
彩图 10-5 水木坚蚧
彩图 10-6 葡萄扇叶病症状（畸形）

彩图 11-1 葡萄扇叶病症状（黄花）
彩图 11-2 葡萄扇叶病症状（镶脉状一）
彩图 11-3 葡萄扇叶病症状（镶脉状二）
彩图 11-4 葡萄卷叶病症状之一
彩图 11-5 葡萄卷叶病症状之二
彩图 11-6 葡萄卷叶病症状之三

彩图 12-1　葡萄卷叶病毒载体
彩图 12-2　葡萄皱木复合病症之一
彩图 12-3　葡萄皱木复合病症状之二
彩图 12-4　鲜食葡萄单穗包装
彩图 12-5　鲜食葡萄分选包装车间
彩图 12-6　鲜食葡萄差压预冷装置

葡萄
实用栽培技术

PUTAO SHIYONG ZAIPEI JISHU

聂继云　主编

中国科学技术出版社

·北 京·

图书在版编目（CIP）数据

葡萄实用栽培技术 / 聂继云主编 . —北京：
中国科学技术出版社，2017.1
ISBN 978-7-5046-7398-5

Ⅰ.①葡⋯　Ⅱ.①聂⋯　Ⅲ.①葡萄栽培
Ⅳ.① S663.1

中国版本图书馆 CIP 数据核字（2017）第 000167 号

策划编辑	刘　聪　王绍昱
责任编辑	刘　聪　王绍昱
装帧设计	中文天地
责任校对	刘洪岩
责任印制	马宇晨

出　　版	中国科学技术出版社
发　　行	中国科学技术出版社发行部
地　　址	北京市海淀区中关村南大街16号
邮　　编	100081
发行电话	010-62173865
传　　真	010-62173081
网　　址	http://www.cspbooks.com.cn

开　　本	889mm×1194mm　1/32
字　　数	129千字
印　　张	5.875
彩　　页	12
版　　次	2017年1月第1版
印　　次	2017年1月第1次印刷
印　　刷	北京盛通印刷股份有限公司
书　　号	ISBN 978-7-5046-7398-5 / S・602
定　　价	19.00元

本书编委会

主　编
聂继云

副主编
董雅凤　王海波　王忠跃　张　平

编著者
集　贤　孔繁芳　李志霞　刘凤之

刘薇薇　刘永强　任朝晖　史祥宾

王孝娣　朱志强

Contents 目 录

第一章
影响葡萄质量安全的主要因素及防控

一、葡萄重金属污染及防控

（一）重金属的来源

果园重金属来源有两个方面：一是成土母质本身含有的重金属；二是人类生产、生活对大气、水体和土壤造成的重金属污染。对于后者，其来源主要有以下 6 个方面。

1. 大气中重金属沉降　大气中的重金属主要来源于工业生产、汽车尾气以及汽车轮胎磨损产生的含重金属的有害气体和粉尘，主要分布在工矿周围和公路两侧，经沉降进入土壤或降落到果树上。公路两侧重金属污染以铅、锌、镉、铬、钴、铜为主，向公路两侧延伸，污染逐渐减弱。重金属沉降主要以工矿烟囱、废物堆和公路为中心，向四周及两侧扩散。

2. 农药、化肥和塑料薄膜使用　施用含有铅、汞、镉、砷等的农药，以及不合理施用化肥，都可能导致土壤重金属污染。过磷酸盐中汞、镉、砷、锌、铅等重金属含量较高，磷肥次之，氮肥和钾肥中重金属含量较低，但氮肥中铅含量较高。农用塑料薄膜生产中应用的热稳定剂含有镉、铅，大量使用塑料大棚和地膜均可造成土壤重金属污染。

3. 污水灌溉　污水灌溉指用经过一定处理的城市污水进行灌溉。城市污水包括生活污水、商业污水和工业废水。污水灌溉已成为农业灌溉的重要组成部分。随着城市工业化的迅速发展，大量工业废水涌入河道，城市污水含有的许多重金属离子随污水灌溉进入土壤。往往是靠近污染源头和城市工业区的污灌土壤重金属污染更严重，远离污染源头和城市工业区的地方污染轻或几乎不被污染。

4. 污泥施肥　污泥主要包括城市污水处理厂的污泥、城市下水池沉淀的污泥、有机物生产厂的下水污泥，以及江、河、湖、水库、塘、沟、渠的沉淀底泥。污泥中含有大量的有机质和氮、磷、钾等营养元素，但也含有大量的重金属。污泥施肥可导致土壤中镉、汞、铬、铜、锌、镍、铅等含量增加，且污泥施用越多，污染越严重。

5. 含重金属的废弃物堆积　含重金属的废弃物造成的污染常以废弃物堆为中心向四周扩散。废弃物堆附近的土壤，其重金属含量高于当地土壤背景值；随着与废弃物堆距离的加大，土壤重金属含量逐渐降低。废弃物种类不同，重金属污染程度也不尽相同，如铬渣堆存区，镉、汞、铅为重度污染，锌为中度污染，铬、铜为轻度污染。

6. 金属矿山酸性废水污染　在金属矿山开采、冶炼及重金属尾矿、冶炼废渣和矿渣堆放过程中，可被酸溶出含重金属离子的矿山酸性废水，这些废水随矿山排水和降雨带入水环境或渗入土壤，间接或直接造成土壤重金属污染。矿山酸性废水造成的重金属污染一般发生在矿山周围或河流下游，受污染河段自上而下污染强度逐渐降低。

（二）重金属的防控

1. 选择合格的生产环境　葡萄园应远离工矿企业和交通干

线。根据国家标准《农田灌溉水质标准》(GB 5084—2005)、《土壤环境质量标准》(GB 15618—1995)和《环境空气质量标准》(GB 3095—2012),葡萄园的灌溉水、土壤和空气环境质量应分别达到表1-1、表1-2和表1-3的要求。表1-1中选择性控制项目是基本控制项目的补充,根据本地区农业水源水质特点和环境进行选择控制。表1-3中基本项目在全国范围内实施,其他项目由国务院环境保护行政主管部门或省级人民政府根据当地实际情况,确定具体实施方式。

表1-1 葡萄园的灌溉用水水质要求

项　目		指　标
基本控制项目	5日生化需氧量 ≤	100毫克/升
	化学需氧量 ≤	200毫克/升
	悬浮物 ≤	100毫克/升
	阴离子表面活性剂 ≤	8.0毫克/升
	水温 ≤	35℃
	pH值 ≤	5.5～8.5
	全盐量 ≤	1000毫克/升
	氯化物 ≤	350毫克/升
	硫化物 ≤	1毫克/升
	总汞 ≤	0.001毫克/升
	镉 ≤	0.01毫克/升
	总砷 ≤	0.1毫克/升
	铬(六价) ≤	0.1毫克/升
	铅 ≤	0.2毫克/升
	粪大肠菌群数 ≤	4000个/升
	蛔虫卵数 ≤	2个/升

续表 1-1

项 目		指 标
选择性控制项目	铜 ≤	1 毫克/升
	锌 ≤	2 毫克/升
	硒 ≤	0.02 毫克/升
	氟化物 ≤	*
	氰化物 ≤	0.5 毫克/升
	石油类 ≤	10 毫克/升
	挥发酚 ≤	1 毫克/升
	苯 ≤	2.5 毫克/升
	三氯乙醛 ≤	0.5 毫克/升
	丙烯醛 ≤	0.5 毫克/升
	硼 ≤	**

注：* 一般地区 2 毫克/升，高氟地区 3 毫克/升；** 对硼敏感作物 1 毫克/升，对硼耐受性较强的作物 2 毫克/升，对硼耐受性强的作物 3 毫克/升。

表 1-2　葡萄园的土壤环境质量标准值

项 目	指 标		
	pH 值＜6.5	pH 值 6.5～7.5	pH 值＞7.5
镉 ≤	0.3 毫克/千克	0.3 毫克/千克	0.6 毫克/千克
汞 ≤	0.3 毫克/千克	0.5 毫克/千克	1 毫克/千克
砷 ≤	40 毫克/千克	30 毫克/千克	25 毫克/千克
铜 ≤	150 毫克/千克	200 毫克/千克	200 毫克/千克
铅 ≤	250 毫克/千克	300 毫克/千克	350 毫克/千克
铬 ≤	150 毫克/千克	200 毫克/千克	250 毫克/千克
锌 ≤	200 毫克/千克	250 毫克/千克	300 毫克/千克
镍 ≤	40 毫克/千克	50 毫克/千克	60 毫克/千克

续表 1-2

项　目	指　标		
	pH 值＜6.5	pH 值 6.5～7.5	pH 值＞7.5
六六六 ≤	0.5 毫克/千克		
滴滴涕 ≤	0.5 毫克/千克		

注：重金属铬(主要是三价)和砷均按元素量计,适用于阳离子交换量＞5厘摩(＋)/千克的土壤,若≤5厘摩(＋)/千克,其标准值为表内数值的一半。六六六为4种异构体总量,滴滴涕为4种衍生物总量。

表 1-3　葡萄园的环境空气污染物浓度限值*

项　目		浓度限值			
		年平均	季平均	24 小时平均	1 小时平均
基本项目	二氧化硫(SO₂) ≤	60 微克/米³	—	150 微克/米³	500 微克/米³
	二氧化氮(NO₂) ≤	40 微克/米³	—	80 微克/米³	200 微克/米³
	一氧化碳(CO) ≤	—	—	4 毫克/米³	10 毫克/米³
	臭氧(O₃) ≤	—	—	**	200 微克/米³
	颗粒物(粒径≤10微米) ≤	70 微克/米³	—	150 微克/米³	—
	颗粒物(粒径≤2.5微米) ≤	35 微克/米³	—	75 微克/米³	—
其他项目	总悬浮颗粒物(TSP) ≤	200 微克/米³	—	300 微克/米³	
	氮氧化物(NOₓ) ≤	50 微克/米³	—	100 微克/米³	250 微克/米³
	铅(Pb) ≤	0.5 微克/米³	1 微克/米³	—	
	苯并[a]芘(BaP) ≤	0.001 微克/米³	—	0.0025 微克/米³	

注：* 污染物浓度均为标准状态下的浓度(下同)；** 160 微克/米³(日最大 8 小时平均值)。

2. 合理使用肥料

(1)查询肥料登记信息 葡萄生产中,应购买和施用已登记或免予登记的肥料。农业部肥料正式登记证和肥料临时登记证的肥料相关产品信息可从农业部种植业管理司网站(http://202. 127. 42. 157/moazzys/feiliao. aspx)查询。在该网站上,用肥料产品的生产企业名称、产品通用名称、产品商品名称、适宜作物、登记证号或产品形态为检索词,可查得肥料登记产品的详细登记信息,一般包括企业名称、产品通用名称、产品商品名称、适宜作物、登记证号、登记技术指标、产品形态 7 个方面。获得省级政府登记证的肥料产品可从各省、自治区、直辖市有关部门或其网站上进行查询。例如,获得山东省政府登记的肥料产品,可从山东省土壤肥料信息网查询企业名称、正式登记证号、发证日期、企业法人、产品通用名称、产品商品名称、产品形态、技术指标、产品执行标准号、有效日期、企业地址及邮编等信息。

(2)重视肥料生态指标 肥料中重金属的存在会对土壤环境造成污染,对农作物生长发育,特别是对人、畜健康也会造成直接危害。为保护农田土壤环境、维护生态平衡、控制有害元素影响、提高农产品质量、保障人体健康、促进农业健康发展,我国制定了国家标准《肥料中砷、镉、铅、铬、汞生态指标》(GB/T 23349—2009),对肥料中砷、镉、铅、铬、汞 5 种重金属分别规定了限量值(表1-4),对肥料安全使用具有重要的现实意义。

表 1-4　肥料中 5 种重金属的生态指标

项　目	指　标
砷及其化合物(以 As 计)≤	0.005%
镉及其化合物(以 Cd 计)≤	0.001%
铅及其化合物(以 Pb 计)≤	0.02%

续表 1-4

项 目	指 标
铬及其化合物(以 Cr 计)≤	0.05%
汞及其化合物(以 Hg 计)≤	0.0005%

(3)慎用污泥等杂肥 杂肥大多含有多种有害物质,使用不合理会对土壤、农作物、地表水和地下水造成污染,导致有害物质尤其是重金属在土壤中累积。在葡萄生产中,除非杂肥使用后不会对果园造成污染,否则不要轻易施用杂肥。

①农用污泥 其污染物含量应符合国家标准《农用污泥中污染物控制标准》(GB 4284—1984)的规定(表 1-5)。该标准适用于城市污水处理厂的污泥、城市下水沉淀池的污泥、某些有机物生产厂的下水污泥以及江、河、湖、库、塘、沟、渠的沉淀底泥。污泥用量一般为每年每 667 米^2 不超过 2 吨(以干污泥计)。污泥中任何一项无机化合物含量接近标准值时,则不得在同一块土壤上连续施用超过 20 年。为防止对地下水的污染,沙质土壤和地下水位较高的果园不宜施用污泥,饮水水源保护地带不得施用污泥。生污泥须经高温堆腐或消化处理后才能施用。在酸性土壤上施用污泥,应年年施用生石灰以中和土壤酸性。对于同时含有多种有害物质且含量均接近标准值的,施用量应酌减。

表 1-5 农用污泥中污染物控制标准值

项 目	最高允许含量(毫克/千克干污泥)	
	酸性土壤 (pH 值<6.5)	中性和碱性土壤 (pH 值≥6.5)
镉及其化合物(以 Cd 计)	5	20
汞及其化合物(以 Hg 计)	5	15

续表 1-5

项 目	最高允许含量(毫克/千克干污泥)	
	酸性土壤 (pH 值<6.5)	中性和碱性土壤 (pH 值≥6.5)
铅及其化合物(以 Pb 计)	300	1000
铬及其化合物(以 Cr 计)①	600	1000
砷及其化合物(以 As 计)	75	75
硼及其化合物(以水溶性 B 计)	150	150
矿物油	3000	3000
苯并(a)芘	3	3
铜及其化合物(以 Cu 计)②	250	500
锌及其化合物(以 Zn 计)②	500	1000
镍及其化合物(以 Ni 计)②	100	200

注：①铬控制标准适用于含六价铬极少的具有农用价值的污泥；②暂作参考标准。

②农用城镇垃圾　其污染物含量应符合国家标准《城镇垃圾农用控制标准》(GB 8172—1987)的规定,详见表 1-6。该标准适用于供农田施用的各种腐熟的城镇生活垃圾和城镇垃圾堆肥工厂的产品,不准混入工业垃圾及其他废物。表 1-6 中前 9 项全部合格者方能施用,后 6 项中可有 1 项不合格,但有机质不得少于 8%,总氮不得少于 0.4%,总磷不得少于 0.2%,总钾不得少于 0.8%,pH 值最高不超过 9、最低不低于 6,水分含量最高不超过 40%。每年每 667 米² 农田的黏性土壤用量不超过 4 吨,沙性土壤用量不超过 3 吨。粒径大于 1 毫米的渣砾含量超过 30% 及黏粒含量低于 15% 的渣砾化土壤不宜施用。表 1-6 中前 9 项均接近标准值者,施用量减半。

表 1-6　农用城镇垃圾污染物限量

项　目	指　标[①]
杂　物[②]≤	3%
粒　度≤	12 毫米
蛔虫卵死亡率	95%～100%
大肠菌值	10^{-1}～10^{-2}
总镉(以 Cd 计)≤	3 毫克/千克
总汞(以 Hg 计)≤	5 毫克/千克
总铅(以 Pb 计)≤	100 毫克/千克
总铬(以 Cr 计)≤	300 毫克/千克
总砷(以 As 计)≤	30 毫克/千克
有机质(以 C 计)≥	10%
总氮(以 N 计)≥	0.5%
总磷(以 P_2O_5 计)≥	0.3%
总钾(以 K_2O 计)≥	1%
pH 值	6.5～8.5
水　分	25%～35%

注：①除"粒度""蛔虫卵死亡率"和"大肠菌值"外，其余各项均以干基计算；②杂物指塑料、玻璃、金属、橡胶等。

③农用粉煤灰　其污染物含量应符合国家标准《农用粉煤灰中污染物控制标准》(GB 8173—1987)的规定(表 1-7)。该标准适用于火力发电厂湿法排出的、经过 1 年以上风化的、用于改良土壤的粉煤灰。粉煤灰累计用量为每 667 米^2 不超过 30 吨(以干灰计)。粉煤灰宜用于黏质土壤，而壤质土壤和缺乏微量元素的土壤应酌情施用，沙质土壤不宜施用。对于同时含有多种有害物质而含量均接近标准值的粉煤灰，应酌减施用量。当粉煤灰污染物

中个别元素超标时,在减少粉煤灰施用量后方能施用,施用量计算方法见公式(1-1)。

$$M = 30 \times C_{si}/C_i \cdots\cdots\cdots\cdots\cdots\cdots\cdots\cdots\cdots(1\text{-}1)$$

式中:M—i 元素超标的粉煤灰每 667 米^2 允许施用量(单位:吨);C_{si}—粉煤灰中 i 元素的最高允许含量(单位:毫克/千克);C_i—粉煤灰中 i 元素的实际含量(毫克/千克)。

表 1-7　农用粉煤灰污染物限量

项　目		最高允许含量(干粉煤灰:毫克/千克)	
		酸性土壤 (pH 值＜6.5)	中性和碱性土壤 (pH 值≥6.5)
总镉(以 Cd 计)		5	10
总砷(以 As 计)		75	75
总钼(以 Mo 计)		10	10
总硒(以 Se 计)		15	15
总硼 (以水溶性 B 计)	敏感作物	5	5
	抗性较强作物	25	25
	抗性强作物	50	50
总镍(以 Ni 计)		200	300
总铬(以 Cr 计)		250	500
总铜(以 Cu 计)		250	500
总铅(以 Pb 计)		250	500
全盐量与氯化物		非盐碱土 3000 (其中氯化物 1000)	盐碱土 2000 (其中氯化物 600)
pH 值		10.0	8.7

(4)控制金属制剂农药的使用　金属制剂农药的使用势必会

引起土壤金属元素含量升高。金属制剂农药主要有汞制剂、铅制剂、砷制剂、铜制剂和锌制剂。目前,汞制剂和铅制剂已基本被淘汰,而后 3 类农药,特别是铜制剂和锌制剂,其使用仍十分普遍。

葡萄病害防治中使用的金属制剂农药以铜制剂和锌制剂使用最为普遍,这些药剂多属保护性杀菌剂,如波尔多液(铜制剂)、代森锰锌、氧氯化铜、代森锌、福美锌和丙森锌等。为防止金属制剂农药的使用对葡萄园造成重金属污染,在葡萄病害防治过程中,应科学合理地使用金属制剂农药,通过适时喷药、交替用药、合理混用等措施,尽量减少用药量和喷药次数。

二、葡萄农药残留及防控

(一)农药残留的毒性

1. 农药的急性毒性　农药毒性分为急性毒性和慢性毒性。农药的急性毒性是指农药进入生物体后,在短时间内引起的中毒现象。急性毒性通常用半数致死量(LD_{50})表示。LD_{50} 是经口给予受试动物后,预期能够引起动物死亡率为 50% 的单一受试物剂量。《食品安全国家标准　急性经口毒试验》(GB 15193.3—2014)将急性毒性按 LD_{50} 大小分为极毒、剧毒、中等毒、低毒、实际无毒 5 级,各级的 LD_{50} 及相当于人的致死剂量见表 1-8。

表 1-8　急性毒性(LD_{50})剂量分级

毒性级别	大鼠口服 LD_{50}（毫克/千克体重）	相当于人的致死剂量	
		毫克/千克体重	克/人
极　毒	<1	稍　尝	0.05
剧　毒	1～50	500～4000	0.5
中等毒	51～500	4000～30000	5

续表 1-8

毒性级别	大鼠口服 LD_{50}（毫克/千克体重）	相当于人的致死剂量	
		毫克/千克体重	克/人
低 毒	501～5000	30000～250000	50
实际无毒	＞5000	250000～500000	500

农业行业标准《农药登记管理术语 第 4 部分：农药毒理》（NY/T 1667.4—2008）根据农药急性毒性的半数致死量（LD_{50}）或半数致死浓度（LC_{50}）的大小，将农药划分为剧毒、高毒、中等毒、低毒、微毒 5 级。农业部《农药登记资料规定》将农药产品毒性分为 Ia 级、Ib 级、II 级、III 级、IV 级，并给出了各级的级别符号语、经口 LD_{50}、经皮 LD_{50}、LC_{50}、标识和标签上的描述（表 1-9）。

表 1-9 农药产品毒性分级及标识

毒性分级	级别符号语	经口 LD_{50}（毫克/千克体重）	经皮 LD_{50}（毫克/千克体重）	LC_{50}（毫克/米³）	标 识	标签上的描述
Ia 级	剧 毒	≤5	≤20	≤20		剧 毒
Ib 级	高 毒	＞5～50	＞20～200	＞20～200		高 毒
II 级	中等毒	＞50～500	＞200～2000	＞200～2000		中等毒
III 级	低 毒	＞500～5000	＞2000～5000	＞2000～5000	低毒	低 毒
IV 级	微 毒	＞5000	＞5000	＞5000		微 毒

特丁硫磷和涕灭威均属剧毒农药。甲胺磷、水胺硫磷、氧乐果、对硫磷、甲基对硫磷、久效磷、克线磷、甲基异柳磷等有机磷杀虫剂以及氨基甲酸酯类杀虫剂克百威（俗称呋喃丹）均属高毒农药。敌敌畏、氰戊菊酯、百草枯等均属中等毒农药。辛硫磷、噻嗪

酮、敌百虫、高效氯氰菊酯、丁醚脲等杀虫剂，以及苯醚甲环唑、丙环唑、异菌脲等杀菌剂，均属低毒农药。马拉硫磷、灭幼脲、氯虫酰胺等杀虫剂，以及代森锰锌、多菌灵、井冈霉素等杀菌剂，均属微毒农药。微毒农药的毒性比我们日常吃的食盐还要低，因此在使用中对人是很安全的。

2. 农药的慢性毒性　农药的慢性毒性指生物体长期摄入或反复持续接触农药造成的体内蓄积或器官损害的中毒现象。一般来说，性质稳定的农药易造成慢性中毒。长期生活在被农药污染的环境中，如农药车间、喷洒过农药的农田以及食用被农药污染的农产品等，都会对人体构成慢性中毒风险。

（二）葡萄农药残留超标的原因

导致葡萄中农药残留超标的原因很多，其中最主要的原因是农药使用不合理。我国实行农药登记制度，根据《农药管理条例》及其实施办法，使用农药应遵循国家有关农药安全合理使用的规定，不得使用未登记的农药、国家明令禁止生产或者撤销登记的农药。但在葡萄生产中，个别果农会使用国家明令禁止使用的高毒农药，或超量、超范围使用允许使用的农药，或使用农药后不到安全间隔期就采摘，从而导致葡萄中农药残留超标现象的发生。除上述主要原因外，引起葡萄中农药残留超标的可能原因还包括：①农药本身存在问题，如使用的农药含有其他农药成分，或某些农药可代谢转化为更高毒性的其他农药；②存在环境污染问题，例如果园周围农田使用农药后会产生药液漂移，或上茬作物使用后有农药的残存等。

（三）葡萄农药残留的防控

1. 不使用禁用农药　为保障农产品质量安全、人畜安全和环境安全，2006 年以来，农业部会同有关部委，先后发布了 5 项有关

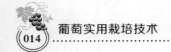
果树的农药禁用公告,在葡萄生产中应予严格遵守。

(1)农业部第 632 号公告 2006 年 4 月 4 日发布。自 2007 年 1 月 1 日起,全面禁止在国内使用甲胺磷、对硫磷、甲基对硫磷、久效磷和磷胺 5 种高毒有机磷农药。

(2)农业部第 1157 号公告 2009 年 2 月 25 日发布。氟虫腈对甲壳类水生生物和蜜蜂具有高毒害作用,在水和土壤中降解慢。自公告发布之日起,应停止在果树上使用含氟虫腈成分的农药制剂。

(3)农业部第 1586 号公告 2011 年 6 月 15 日发布。自 2013 年 10 月 31 日起,苯线磷、地虫硫磷、甲基硫环磷、磷化钙、磷化镁、磷化锌、硫线磷、蝇毒磷、治螟磷、特丁硫磷 10 种农药停止使用。

(4)农业部第 2032 号公告 2013 年 12 月 9 日发布。自本公告发布之日起,停止受理福美胂和福美甲胂的农药登记申请,停止批准福美胂和福美甲胂的新增农药登记证。自 2013 年 12 月 31 日起,撤销福美胂和福美甲胂的农药登记证。自 2015 年 12 月 31 日起,禁止福美胂和福美甲胂在国内销售和使用。

(5)农业部第 2289 号公告 2015 年 8 月 22 日发布。自 2015 年 10 月 1 日起,撤销杀扑磷在柑橘树上的登记,禁止杀扑磷在柑橘树上使用。自 2015 年 10 月 1 日起,将溴甲烷、氯化苦的登记使用范围和施用方法变更为土壤熏蒸,撤销土壤熏蒸外的其他登记。溴甲烷、氯化苦应在专业技术人员指导下使用。

2. 科学合理用药

(1)农药使用原则 为确保防治效果、残留量不超标、减少环境污染,化学农药的使用应遵循如下 4 项基本原则:一是尽可能选用高效、低毒、低残留农药;二是根据病虫预测预报和消长规律适时喷药,病虫危害在经济阈值以下时尽量不喷药;三是用药时要根据施药部位,准确用药,全面均匀;四是按照规定的浓度、每季最多使用次数和安全间隔期的要求使用,不随意提高施药浓度,不随意增加用药次数,以免增加病虫抗药性和农药残留风险,必要时可更换农药品种;五是为增加药效、防止病虫对农药产生抗性,不连续单一使用同一种农药,提倡不同类型农药的交替使用和合理混用。果园常用农药及叶面喷肥(尿素、磷酸二氢钾)的混合使用可参考表 1-10。

表 1-10　果园常用农药及叶面喷肥混合使用表

	敌敌畏	乐果	马拉硫磷	杀螟硫磷	辛硫磷	溴氰菊酯	氯氰菊酯	氰戊菊酯	三氯杀螨醇	炔螨特	双甲脒	水胺硫磷	毒死蜱	异菌脲	甲基硫菌灵	多菌灵	代森锌	代森锰锌	百菌清	石硫合剂	波尔多液	尿素	磷酸二氢钾
敌敌畏	敌敌畏																						
乐果	+	乐果																					
马拉硫磷	+	+	马拉硫磷																				
杀螟硫磷	+	+	+	杀螟硫磷																			
辛硫磷	+	+	×	+	辛硫磷																		
溴氰菊酯	+	+	+	+	+	溴氰菊酯																	
氯氰菊酯	+	+	+	+	+	×	氯氰菊酯																
氰戊菊酯	+	+	+	+	+	×	×	氰戊菊酯															
三氯杀螨醇	+	+	+	+	+	+	+	+	三氯杀螨醇														
炔螨特	+	+	+	+	+	+	+	+	×	炔螨特													
双甲脒	+	+	+	+	+	+	+	+	+	×	双甲脒												
水胺硫磷	+	+	+	×	+	+	+	+	+	+	+	水胺硫磷											
毒死蜱	×	×	×	○	×	+	+	+	+	+	+	+	毒死蜱										
异菌脲	+	+	+	+	+	+	+	+	+	+	+	+	+	异菌脲									
甲基硫菌灵	+	+	+	+	+	+	+	+	+	+	+	+	+	+	甲基硫菌灵								
多菌灵	+	+	+	+	+	+	+	+	△	△	△	+	+	+	+	多菌灵							
代森锌	+	+	+	+	+	+	+	+	+	+	+	+	○	+	+	+	代森锌						
代森锰锌	+	+	+	+	+	+	+	+	+	+	+	+	○	+	+	+	+	代森锰锌					
百菌清	+	+	+	+	+	+	+	+	+	+	+	+	+	+	+	+	+	+	百菌清				
石硫合剂	×	×	×	×	×	×	×	×	×	×	×	×	×	×	×	×	×	×	×	石硫合剂			
波尔多液	×	×	×	×	×	×	×	×	×	×	×	×	×	×	×	×	×	×	×	×	波尔多液		
尿素	+	+	+	+	+	+	+	+	+	+	+	+	+	+	+	+	+	+	+	+	+	尿素	
磷酸二氢钾	+	+	+	+	+	+	+	+	+	+	+	+	+	+	+	+	+	×	×	×	×	+	磷酸二氢钾

注:＋:可以混合使用;△:混合后马上使用;×:不能混合使用;○:未知。

(2)农药登记信息查询 在葡萄生产过程中,应购买和使用登记或免予登记的农药产品。中国农药信息网(http://www.chinapesticide.gov.cn/index.html)是查证农药登记有效性的重要途径。利用该网站可查询农药登记产品、农药受理产品、农药标签信息、有效成分、产品到期、产品过期、老产品清理、企业名录、农药法律法规等相关信息,还可通过企业名称、有效成分、作物/防治等查询农药产品。

(3)农药购买注意事项 根据《农药标签和说明书管理办法》第七条,农药标签应当注明农药名称、有效成分及含量、剂型、农药登记证号或农药临时登记证号、农药生产许可证号或者农药生产批准文件号、产品标准号、企业名称及联系方式、生产日期、产品批号、有效期、重量、产品性能、用途、使用技术和使用方法、毒性及标识、注意事项、中毒急救措施、贮存和运输方法、农药类别、象形图及其他经农业部核准要求标注的内容。产品附具说明书的,说明书应当标注前款规定的全部内容;标签至少应当标注农药名称、剂型、农药登记证号或农药临时登记证号、农药生产许可证号或者农药生产批准文件号、产品标准号、重量、生产日期、产品批号、有效期、企业名称及联系方式、毒性及标识,并注明"详见说明书"字样。分装的农药产品,其标签应当与生产企业所使用的标签一致,并同时标注分装企业名称及联系方式、分装登记证号、分装农药的生产许可证号或者农药生产批准文件号、分装日期,有效期自生产日期起计算。标签/说明书不符合上述要求的农药,应慎购慎用。选购农药应特别注意以下几个方面。

①农药名称 无论国产农药还是进口农药,必须有有效成分的中文通用名称、剂型和含量。

②农药"三证" 即农药登记证号、生产许可证号(或批准文件号)、产品标准号。

③使用范围 根据需要防治的病虫草害,选择与标签上标注

的适用作物和防治对象相同的农药。

④农药类别 农药标签下方的特征颜色标志带,表示杀菌剂(黑色)、杀虫/螨/螺剂(红色)、除草剂(绿色)、杀鼠剂(蓝色)、植物生长调节剂(深黄色)等不同种类农药。

⑤毒性标志 农药标签上应在显著位置标明农药毒性及其标志。农药毒性分为剧毒、高毒、中等毒、低毒、微毒 5 个级别(表1-10),如"◇"标识和"剧毒"字样,标识应当为黑色,描述文字应当为红色。

⑥其他 注意净含量、生产日期、批号及有效期。

(4)农药使用准则 我国已发布 9 项有关农药合理使用的国家标准,其中 2 项标准与葡萄有关,即《农药合理使用准则(五)》(GB/T 8321.5—2006)和《农药合理使用准则(六)》(GB/T 8321.6—2000)。2 项标准共规定了葡萄上 2 种农药产品的使用准则,包括剂型及含量、防治对象、稀释倍数(有效成分浓度)、每年最多使用次数、安全间隔期、最高残留限量参照值(表 1-11),在葡萄生产过程中可作参考和应用。

表 1-11 葡萄农药合理使用准则

标准编号		GB/T 8321.5—2006	GB/T 8321.6—2000
农药	通用名	甲霜灵+代森锰锌 (metalaxyl+mancozeb)	腐霉利 (procymidone)
	剂型及含量	58%可湿性粉剂①	50%可湿性粉剂
防治对象		霜霉病	灰霉病
稀释倍数 (有效成分浓度)		500~800 (725~1160 毫升/升)	75~150 克 (37.5~75 克)
施用方法		喷 雾	喷 雾
每年最多使用次数		3	2

续表 1-11

标准编号	GB/T 8321.5—2006	GB/T 8321.6—2000
安全间隔期②	21	14
MRL 参照值③	甲霜灵 1 毫升/千克	5 毫升/千克

注：①10％甲霜灵，48％代森锰锌；②安全间隔期即最后一次施药距收获的天数；③MRL 为最高残留限量。

3. 果实套袋 果实套袋已成为我国葡萄生产的重要果实管理技术，是葡萄安全生产的有效措施。果实套袋不仅能极大地改善果实的着色状况，使果实着色均匀、色调鲜明、果粉完整，还能减少裂果，杜绝污染果面的煤污斑、药斑、枝叶摩擦斑等，使果面光洁美观。果实套袋对降低果实农药残留的作用也是显而易见的。大量研究表明，果实套袋能大幅度降低水果中的农药残留水平，甚至使农药残留不再检出。究其原因，一是果实套袋可避免果实受灰霉病、黑痘病、炭疽病、白腐病、野蜂、夜蛾类、金龟子等葡萄果部病虫害，因而无须再针对果实进行这些病虫害的药剂防治；二是果实套袋起到物理隔绝作用，避免了果实与药剂的直接接触，也就避免了果实对药剂的吸收。

第二章
葡萄生产的良好农业规范

　　我国是水果生产大国,水果产量居世界首位。水果在我国农业生产与消费中占有举足轻重的地位,已成为国人膳食的重要组成部分。随着社会发展和人民生活水平的提高,水果质量安全日益受到重视。尤其是最近 20 年来,我国果业稳步发展,生产规模不断扩大,效益逐年增长,为农村发展、农民增收和农业增效做出了重要贡献。然而,我国水果生产还存在产品质量安全管控不力、农药和肥料使用不合理、水果质量安全风险隐患较多的现象,难以全面实现水果安全生产、安全贸易和安全消费。

　　安全的水果既是监管出来的,也是生产出来的。良好农业规范(GAP)是初级农产品从田间到餐桌的全程质量控制体系。良好农业规范有利于促进水果生产质量安全管控水平和水果质量安全水平的提高,对推动我国水果生产的规范化管理、确保水果质量安全、保护水果生产环境、促进我国水果出口贸易等均具有重要意义。

一、主要生产环节

　　葡萄生产过程分为产前、产中和产后 3 个环节(图 2-1)。产前环节主要包括苗木选购与栽植、园址选择与管理。产中环节主要包括施肥、灌溉与排水、树体和花果管理、喷药、采收。产后环节主要包括采后处理、贮藏运输。废物和污染物管理、环境的问题则贯穿整个葡萄生产过程,即产前、产中和产后各环节均有涉及。葡萄生产过程的记录则为产品追溯和内部自查提供了客观依据。

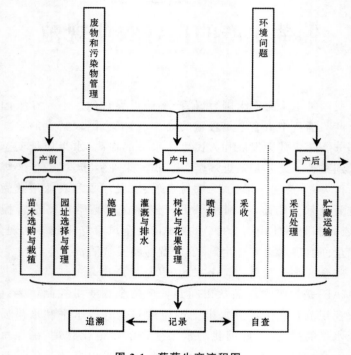

图 2-1　葡萄生产流程图

二、良好农业规范

(一)记录和追溯系统

葡萄园应建立完善的记录系统,完整保存苗木购买与栽植记录,土壤分布图,肥料、农药、果袋、果贴、采后处理化学品、食品添加剂等投入品的购买、贮存和使用记录,废弃农药包装和废弃农药处理记录,肥料施用和农药使用技术员专业知识证明文件(毕业证、学位证、培训合格证等),葡萄贮、运、销记录等相关记录和资料。同时,葡萄园还应建立有效的追溯系统,确保销售出去的葡萄能追溯回果园和追踪到直接购买者。直接购买者是指直接从该果园或其贮藏库购买葡萄的人、企业或单位。

(二)苗木选购与栽植

1. 苗木选购 尽可能选用抗病虫、抗逆性强的品种和砧木。不从疫区购买和引进苗木。优先选用无病毒苗木。苗木销售者应持有县级及以上农业行政部门颁发的《果树种苗生产许可证》。所购苗木应附有《果树种苗质量合格证》和《果树种苗检疫合格证》。苗木质量应符合农业行业标准《葡萄苗木》(NY 469—2001)的要求,无病毒苗木还应符合农业行业标准《葡萄无病毒母本树和苗木》(NY/T 1843—2010)的要求。保存苗木购买合同、发票,以及《果树种苗质量合格证》和《果树种苗检疫合格证》等相关记录和资料。

2. 苗木栽植 根据果园地形、立地条件、品种、砧木特性和拟选用树形等综合决定苗木栽植方式与栽植密度。保存栽植图、主栽品种、栽植方法、栽植数量、栽植日期、栽植人等相关记录。

(三)园址选择与管理

1. 园址选择 葡萄园应远离工矿企业、交通干线及垃圾、废物堆放场所。土壤和空气质量应分别符合国家标准《土壤环境质量标准》(GB 15618—1995)和《环境空气质量标准》(GB 3095—2012)的要求。建园前,应从果品质量安全、果农健康、果树栽植历史、环境影响等各个方面对园址进行风险评估,凡存在风险隐患的地块均不宜建园。应针对选定园址的每个地块,设立永久性标识牌,并在果园规划图上标明。

2. 园址管理 绘制土壤分布图,标明各地块的编号、名称、土壤类型、区域范围、栽培品种等信息。建立必要的排灌设施。采用不会造成土壤板结和水土流失的土壤管理技术(如果园覆盖、果园生草、果园间作等),避免进行全园清耕。

(四)施 肥

1. 肥料购买 购买登记或免予登记的肥料产品。根据农业部《肥料登记管理办法》,硫酸铵、尿素、硝酸铵、氰氨化钙、磷酸铵(磷酸一铵、二铵)、硝酸磷肥、过磷酸钙、氯化钾、硫酸钾、硝酸钾、氯化铵、碳酸氢铵、钙镁磷肥、磷酸二氢钾、单一微量元素肥、高浓度复合肥等 16 种(类)肥料免予登记。获得农业部肥料正式登记证和肥料临时登记证的产品可登陆农业部种植业管理司网站查询相关信息。获得省级政府登记证的产品可从各省、自治区、直辖市有关部门或其网站上进行查询。所购肥料的生态指标应符合国家标准《肥料中砷、镉、铅、铬、汞生态指标》(GB/T 23349—2009)的规定。选用的有机肥应充分腐熟或经无害化处理。污泥、城镇垃圾、粉煤灰等杂肥的污染物含量应符合国家标准《农用污泥中污染物控制标准》(GB 4284—1984)、《城镇垃圾农用控制标准》(GB 8172—1987)和《农用粉煤灰中污染物控制标准》(GB 8173—1987)的规定。保存肥料购买合同、发票、产品说明书等相关资料。

2. 肥料贮存 留有肥料贮存清单。肥料不应与农药、农产品混存混放。肥料贮存区应干净、干燥,适当遮盖。肥料贮存设施应完好,无渗漏和泄漏。肥料贮存方式不能对果园及周围环境(土壤、空气和水源)产生污染风险。

3. 肥料施用 由具备相应专业知识的技术员指导。根据土壤和树体营养状况及葡萄需肥规律,确定施肥种类和施肥量。施肥机械应状态良好。慎用污泥、城镇垃圾、粉煤灰等杂肥。基肥以优质有机肥为主,追肥以速效肥为主。保存每个地块的施肥记录,如肥料产品的名称、有效成分及杂质含量、生产企业名称、登记证号以及施肥地块、施肥日期、施肥量、施肥方法、施肥机械、施肥人员等。

（五）灌溉与排水

根据葡萄需水规律和土壤墒情确定灌水量。灌溉用水的水质应符合国家标准《农田灌溉水质标准》(GB 5084—2005)的要求。采用沟灌、喷灌、滴灌、渗灌等节水灌溉技术。保存灌溉地块、灌溉日期、灌溉方法、灌水量、水源等灌水记录。雨季应利用沟渠及时排水,以免造成涝害。

（六）树体和花果管理

根据品种和砧木选择适宜树形,通过整形修剪,使树体结构合理、树势健壮、树冠通风透光。采用摘心、施用植物生长调节剂等措施控制新梢旺长,提高坐果率。根据品种特点,结合树体营养状况,确定适宜留果量。树势强的可适当多留,树势弱的可适当少留。通过疏花穗、疏果穗、稀粒等技术措施,及时调节结果量。果实套袋应选用符合品种特性和国家标准《育果袋纸》(GB 19341—2003)要求的专用育果袋,具体操作参见农业行业标准《水果套袋技术规程　鲜食葡萄》(NY/T 1998—2011)。保存果袋购买合同、发票、使用说明等记录。套袋果实处于一个特殊的微域环境,温度、光照、湿度等均与不套袋果存在显著差异,有利于某些病虫害的发生,应严加预防和防治。套袋葡萄应注意防治葡萄白腐病、葡萄灰霉病、康氏粉蚧等病虫害。废弃果袋应集中清出果园,并进行无害化处理。采果后,及时清除园内枯枝、落叶、病果、僵果及废弃果袋,深埋或带出园外集中销毁。

（七）喷　药

1. 农药购买　购买登记或免予登记的农药产品，并保存农药购买合同、购买发票、产品标签等记录。我国登记的农药产品可从中国农药信息网查询。不得购买禁用农药。我国在葡萄上禁止使用的农药详见第一章相关部分。

2. 农药贮存　农药应由经过正规培训的专门人员负责贮存。农药应以原包装贮存，不能与肥料、农产品混存混放。固体农药不得放在液体农药的上方。农药贮存设施应上锁，远离其他设施，且坚固耐用，结构合理，防火防雨，照明和通风良好，能抵御极端气温影响；货架采用不吸收农药的材料；配备专门的农药量取工具、农药混配设施和农药泄漏处理工具。保留贮存清单。混配区有清晰可见的事故处理程序和清洁水源、急救箱等设施。

3. 农药使用　由具备相应专业知识的技术员指导。施药人员有良好的防护措施。应当确认农药标签清晰，农药登记证号或农药临时登记证号、农药生产许可证号或生产批准文件号齐全后，方可使用。使用登记或免予登记的农药产品，不使用禁用农药，尽可能选用高效、低毒、低残留农药。施药器械状态良好。严格按照产品标签规定的剂量、防治对象、使用方法、施药适期、注意事项施用农药，不得随意改变。国家标准《农药合理使用准则》（GB/T 8321）有规定的农药可参照该标准执行。保留农药使用记录，包括所用农药的生产企业名称、产品名称、有效成分含量、登记证号、安全间隔期，以及施药地块、施药时间、施药方法、稀释倍数、防治对象、施药机械、施药人员等信息。剩余药液和药罐清洗液的处理符合《农药管理条例》的规定。按照农业行业标准《农药安全使用规范　总则》（NY/T 1276—2007）的规定，对剩余药液、施药器械清洗液、农药包装容器等进行妥善处置。施药后应在果园显眼位置设立安全间隔期警示标志。

4. 废弃农药包装和废弃农药的处理 以不危害人体健康、不污染环境的方式安全存放废弃农药包装。废弃农药包装在处置前应至少用水清洗 3 次。废弃农药包装和废弃农药的处理应严格遵守《农药管理条例》《农药管理条例实施办法》等法律、法规的有关规定,按照农药废弃物的安全处理规程进行,防止农药污染环境和农药中毒事故的发生。

(八)果实采收

葡萄采收工具、采收容器、装果容器和运输工具应清洁卫生。附近配有洗手设备和盥洗室,且卫生状况良好。采果人员应衣着干净,无传染性疾病,有良好的个人卫生习惯,采果前应洗手。根据葡萄采后用途,在最佳采收时期采收,避开下雨、有雾或露水未干时段,避免对果实造成机械损伤。

(九)采后处理

葡萄采后处理区和设施设备清洁卫生,附近配有洗手设备和盥洗室,且能防止老鼠等有害动物进入。在葡萄采后处理区的显眼位置张贴葡萄采后处理卫生要求。葡萄采后处理人员须衣着干净,无传染性疾病,有良好的个人卫生习惯,不在采后处理区抽烟、进食、饮水,进行葡萄采后处理前应洗手。葡萄采后处理中产生的废弃物应及时清除,以免污染葡萄和生产环境。

葡萄采后处理须使用已取得登记证的化学品,按产品标签说明使用,并保留化学品使用清单和使用记录(包括批次/批号、商品名、使用理由、使用地点、使用日期、处理方式、使用量、操作人等)。对于《食品安全国家标准 食品添加剂使用标准》(GB 2760—2014)有规定的食品添加剂,其使用应符合该标准的规定。葡萄采后处理所用清洁剂、润滑油等也应适用于食品工业,并贮存在远离葡萄的地方。

剔出烂果、病虫果和有未愈合机械损伤的果实,以免果实腐烂,滋生病菌,产生有毒、有害物质,危及消费者健康。按照客户/市场要求的标准或农业行业标准《冷藏葡萄》(NY/T 1986—2011)、《无核白葡萄》(NY/T 704—2003),国内贸易行业标准《预包装鲜食葡萄流通规范》(SB/T 10894—2012)、《浆果类果品流通规范》(SB/T 11026—2013),以及国家标准《无核白葡萄》(GB/T 19970—2005)、《地理标志产品　吐鲁番葡萄》(GB/T 19585—2008)等相关标准进行葡萄等级划分,所用仪器设备应精准。葡萄包装和标识应安全、清洁、卫生,具体要求详见农业行业标准《新鲜水果包装标识　通则》(NY/T 1778—2009)和相关葡萄产品标准。葡萄干的等级划分则可参考《无核葡萄干》(NY/T 705—2003)、《干果类果品流通规范》(SB/T 11027—2013)、《地理标志产品　吐鲁番葡萄干》(GB/T 19586—2008)等标准。

葡萄的污染物含量应符合国家标准《食品安全国家标准　食品中污染物限量》(GB 2762—2012)的规定,农药残留量应符合《食品安全国家标准　食品中农药最大残留限量》(GB 2763—2014)的规定。葡萄进入流通环节前,应进行重金属铅、镉和农药残留抽样检测。只有农药残留和重金属含量均不超标的葡萄才能进入流通环节。我国葡萄重金属和农药残留限量详见第六章相关内容。

(十)贮藏运输

葡萄贮藏设施应清洁卫生,不放置与葡萄贮藏无关的物品,能防止老鼠等有害动物进入。葡萄贮藏操作可参照国家标准《水果和蔬菜气调贮藏技术规范》(GB/T 23244—2009)、《食用农产品保鲜贮藏管理规范》(GB/T 29372—2012)和《鲜食葡萄冷藏技术》(GB/T 16862—2008),农业行业标准《葡萄保鲜技术规范》(NY/T 1199—2006)和《水果气调库贮藏通则》(NY/T 2000—2011),以及国内贸易行业标准《水果和蔬菜 气调贮藏原则与技术》(SB/T 10447—2007)等相关标准。

葡萄运输工具应清洁卫生,不与其他物品(农药、肥料等)混运,运输操作及相关要求可参照国家标准《易腐食品控温运输技术要求》(GB/T 22918—2008)、物资管理行业标准《易腐食品机动车辆冷藏运输要求》(WB/T 1046—2012)等相关标准。葡萄在贮藏和运输过程中应轻拿轻放,文明操作,以减少果实的机械损伤,避免果实腐烂、滋生病菌。

第三章

葡萄优质栽培

一、生态区划

（一）葡萄对环境条件的要求

1. 温度 葡萄是喜温植物,对热量要求高。温度不但决定了葡萄各物候期的长短与度过某一物候期的速度,还在影响葡萄的生长发育和产量品质的综合因子中起主导作用。

葡萄属温带落叶果树,对极端气温和平均温度都有一定的要求。葡萄经济栽培区的活动积温($\geqslant 10℃$日均温的累积值)一般不能少于 $2\,500℃$,即使在这样的地区,也只能栽培极早熟或早熟品种。根据大量的研究证实,不同品种从萌芽至浆果成熟所需的 $\geqslant 10℃$ 活动积温不同:极早熟品种需 $2\,100℃\sim 2\,500℃$,早熟品种需 $2\,500℃\sim 2\,900℃$,中熟品种需 $2\,900℃\sim 3\,300℃$,晚熟品种需 $3\,300℃\sim 3\,700℃$,极晚熟品种需 $3\,700℃$ 以上。

葡萄生长和结果最适宜的温度为 $20℃\sim 25℃$,葡萄的生育期不同对温度的要求也不同。一般开花期气温不宜低于 $14℃$,适宜温度为 $20℃\sim 25℃$,低于 $14℃$时将影响开花,引起葡萄花粉受精不良,子房大量脱落。浆果生长期不宜低于 $20℃$,适宜温度为

25℃～28℃,此期积温对浆果发育速率影响最为显著,在冷凉的气候条件下,热量积累缓慢,所以浆果糖分积累及成熟过程变慢,一般品种的采收期比其正常采收期延迟。浆果成熟期不宜低于16℃,低于14℃时果实不能正常成熟,最适宜的温度为28℃～32℃。昼夜温差对果实养分积累有很大的影响,温差大时,浆果含糖量高,品质好;温差大于10℃以上时,浆果含糖量显著提高。

低温不仅延迟植株的生长发育进程,而且温度过低会造成植株的冷害甚至冻害,在冬季极端气温低于-15℃的地区,葡萄需要埋土防寒越冬。生产中常见的低温危害主要是早春的晚霜危害,芽眼萌发后,气温低于-1℃就会造成梢尖和幼叶的冻伤,0℃时花序受冻,并显著抑制新梢的生长;在秋季,叶片和浆果在-5℃～-3℃时受冻;冬季气温过低或低温持续时间过长以及防寒措施不力,会造成芽眼冻伤,影响萌芽率及翌年的植株生长和产量。一般欧亚品种在通过正常的成熟和锻炼过程之后,成熟良好的1年生枝可耐受-15℃～-10℃的低温,-18℃的低温持续3～5天就会造成芽眼冻害;美洲品种葡萄可耐受-22℃～-18℃的低温。通常认为葡萄1年生枝条的木质部比芽眼抗寒力稍强,健壮的多年生枝蔓比1年生蔓抗寒力强。根系的抗寒力很弱,大部分欧亚种葡萄的根系在-5℃～-4℃时会受冻;某些美洲品种,如贝达能耐受-11℃左右的低温;山葡萄根系最抗寒,可抗-16℃～-14℃的低温;山欧杂种葡萄根系抗寒性介于山葡萄和欧亚种之间,如华葡1号(左山一×白马拉加)根系可抗-12℃左右的低温。

高温也不利于葡萄的生长和结果。葡萄生长季的气温高于40℃时新梢生长受抑;41℃～42℃时,细胞酶代谢活动严重受阻,新梢生长停止,叶片变黄,果实着色差、发生日灼,从而造成减产,并影响翌年植株生长发育和结果。

温度对浆果着色有显著影响。在南方酷热地区,很多红色及黑色葡萄品种的色素形成受到抑制。在较冷凉地区,有些鲜食品种,如红地球和克瑞森无核往往变成深色品种。葡萄在寒冷地区着色不良往往是由浆果不能正常成熟造成的,如辽宁朝阳的红地球葡萄。

2. 水分 土壤水分状态对葡萄的生长发育有明显的影响。葡萄的不同发育时期,对水分的需求不同。

(1)萌芽和新梢快速生长(花序生长)期 此期土壤水分充足,新梢生长速度快,有利于新梢的生长、叶面积的扩大以及叶幕的形成,可为花芽分化及坐果提供充足的有机营养。但在开花前后,水分供应充足,新梢生长过旺,往往会造成营养生长与生殖生长的养分竞争,不利于花芽分化和开花坐果。因此,开花前的适当干旱可抑制新梢生长,有利于花芽分化、开花和坐果。

(2)果实快速生长期 此期充足的水分供应可促进果实的细胞分裂和膨大,有利于产量的提高。

(3)浆果成熟期 此期充足的水分供应往往会导致浆果的晚熟、糖分积累缓慢、含酸量高、着色不良,造成果实品质下降。同时,水分充足使新梢生长旺盛,停长晚,营养储藏不足,从而导致枝条成熟不良,影响枝条的越冬。而此期适当控制水分的供应,可促进果实的成熟和品质的提高,有利于新梢的成熟和越冬。

空气湿度对植株的生长发育和结果也有显著的影响。在新梢快速生长和果实快速生长期,适当的空气湿度有利于新梢的生长发育和果实的膨大。但湿度过大会造成新梢的徒长,使真菌病害大量发生。在开花期,阴雨天和空气湿度过大往往会导致花冠不脱落而闭花受精,从而造成坐果率下降。同时,新梢旺长使生殖生长与营养生长形成激烈的养分竞争,会加剧落花落果。

由此可见,葡萄最适宜栽培区的气候特点是在植株发育的前期降水充足,而果实成熟期适当干旱;生长季气温冷凉,休眠期相对温暖。我国多数的葡萄产区属大陆季风型气候,春季干旱少雨、夏季高温多雨、冬季严寒少雪,都是葡萄发展的不利因素。

3. 光照 葡萄是喜光植物,对光的反应很敏感,其光饱和点为 $3×10^4～5×10^4$ 勒,光补偿点为 $1×10^3～2×10^3$ 勒。光照充足时,枝叶生长健壮,树体的生理活动增强,营养状况改善,有利于新梢的成熟和储藏养分的积累,有利于花芽的分化、果实的成熟,有利于果实产量和品质的提高。光照不足时,新梢生长减弱、节间细长、叶片大而薄、叶色变淡、光合能力下降,会导致枝条成熟不良、越冬能力差、芽眼分化不良、花芽少而质量差,果实小、成熟晚、着色差、味酸且无芳香。在生产中,由于栽培措施不当,经常出现因新梢负载量过大而造成通风透光不良的现象。

不同的种和品种对光周期的响应不同,如欧洲葡萄对光周期不敏感,而美洲葡萄在短日照条件下的新梢生长和花芽分化会受到抑制,反而枝条成熟快,但光照时间长短对果实的成熟和品质无明显的影响。

光照主要通过影响葡萄树体的光合作用来间接影响开花授粉。此外,光照还影响葡萄的坐果和果实发育。弱光妨碍葡萄植株体内碳水化合物的蓄积,影响坐果,使坐果率下降,当光照强度低于 $1×10^3～2×10^3$ 勒克斯时会发生大量落花落果。葡萄果粒的生长发育,除极少量的有机物来自自身的光合作用外,主要是利用其附近当年生新梢叶片的同化产物。弱光使新梢叶片光合产物蓄积较少,运输到果粒中的碳水化合物减少,不能满足果粒的生长需要,果粒细胞数目减少,细胞体积缩小,从而抑制了果粒的增大。已有研究证明,葡萄果粒膨大中期到成熟期受光度大的果粒和果穗发育良好,果粒重,着色好,成熟期提前;光照不足的果粒,不仅重量小,着色不良,成熟期延后,而且浆果 pH 值和苹果酸含量提高,可溶性固形物含量下降。

光对葡萄果皮色素形成的影响机制并不十分清楚,浆果着色对光照的要求,不同品种之间有很大差异。增芳得、瑞比尔和红马拉加等品种的果穗在黑袋中和自然光照条件下一样着色,而皇帝、苏珊玫瑰、粉红葡萄等品种没有光就不能着色。即使同一类品种对光的反应也不一样,如在黑暗条件下能够正常着色的品种,有的果实中某种或某几种色素合成会减慢。光强对黑色品种的着色几乎没有什么影响,而红色品种在低光强下着色较差。黑比诺低光强下成熟的果实比高光强下成熟的果实着色程度大大降低。光照对着色的另一个影响是光强可以影响光合作用,从而间接地影响着色。设施栽培的黑汉品种,着色良好的果粒含糖量为 18.6%,而着色差的果粒含糖量为 14.3%。加州葡萄只有当还原糖含量达到 8%左右时才开始着色。浆果中需要光线直接照射才能充分着色的品种称为直光着色品种,如粉红葡萄、黑汉和玫瑰香等。浆果不需要直射光也能正常着色的品种称为散光着色品种,如康克、巨峰等。因此,从浆果着色需光特性的角度出发,不同品种架面枝叶的密度可以有所差别,即散光着色品种可以稍密,直光着色品种宜稍稀。

(二)葡萄主产区

1. 东北产区　主要包括辽宁、吉林、黑龙江和内蒙古东部等地。本区地处中纬度,几乎全在北温带范围内,气候为典型的大陆性季风气候,年平均温度 5.8℃,年平均降水量 555.8 毫米,年均蒸发量 914 毫米,平均风速 2.6 米/秒,平均空气相对湿度 60%,年平均日照时数 2 400 小时左右。

适宜发展的主要优良品种:①鲜食品种,早熟品种主要有夏黑、无核白鸡心、87-1 等;中熟品种主要有巨峰、玫瑰香、藤稔、京亚、巨玫瑰、金手指等;晚熟品种主要有黄意大利、红地球等。其中,晚熟品种红地球、黄意大利等在辽宁省北部地区(葫芦岛市南票区以北)和辽宁省以北区域不能进行露地栽培。②酿酒品种主要有梅鹿辄、威代尔、华葡 1 号、北冰红、左优红等。③本地区冬季极为寒冷,越冬防寒是该地葡萄生产的重要栽培措施,为提高葡萄根系抗冻性,一般选择根系抗寒性强的贝达、山葡萄等为砧木。

2. 华北产区　位于长城以南暖温带半湿润区和华北北部温带半干旱区,主要包括河北、北京、天津、山东中部和北部、山西等地,主要分布在山区缓坡地、山地、盐碱滩地、河系沙滩地(含河系故道)。

适宜发展的主要优良品种:①鲜食品种,早熟品种主要有夏黑、维多利亚、乍娜、无核白鸡心等;中熟品种主要有玫瑰香、醉金香、京亚、龙眼、巨峰、牛奶、巨玫瑰、美人指等;晚熟品种主要有红地球、魏可等。②酿酒品种主要有龙眼、玫瑰香、赤霞珠、梅鹿辄、霞多丽等。③本区冬季寒冷,越冬防寒是该区葡萄生产的重要栽培措施,为提高葡萄根系的抗冻性,一般选择根系抗寒性强的贝达等为砧木。

3. 西北产区　主要包括干旱半干旱的新疆、宁夏、甘肃、内蒙古西部地区。除甘南地区外,夏季气候炎热、干燥、少雨,冬季寒冷,年降水量为 $50\sim500$ 毫米,靠河水或井水灌溉。活动积温 $3\,000\,℃\sim5\,000\,℃$。一些地区最热月气温为 $31\,℃\sim34\,℃$,吐鲁番盆地月气温则高达 $38\,℃$ 以上。甘南属于亚热带,塔里木盆地属于暖温带,其余地区属于中温带。

适宜发展的主要优良品种:①鲜食品种,早熟品种主要有火焰无核等;中熟品种主要有优无核、巨峰、里扎玛特等;晚熟品种主要有红地球、克瑞森无核、新郁等。②酿酒品种主要有赤霞珠、梅鹿辄、霞多丽、贵人香、西拉、黑比诺等。③制干或制干鲜食兼用品种主要有无核白、无核白鸡心、无核紫、紫香无核等。④制汁品种主要有康可、康拜尔等。⑤西北特色品种主要有木纳格、马奶子、宁夏大青葡萄、甘肃大圆葡萄等。⑥本区冬季极为寒冷,越冬防寒是该区葡萄生产的重要栽培措施,为提高葡萄根系的抗冻性,一般选择根系抗寒性强的贝达、山葡萄等为砧木,盐碱地需考虑抗盐碱且抗寒性相对较强的品种,如 SO_4。

4. 华东华南产区　主要包括广东、福建、浙江、上海、江苏、安徽、山东(鲁南地区为主)等省(市)。地处暖温带至亚热带,季风气候显著。夏季高温多雨,冬季寒冷干燥,雨热同期。年降水量950～1 500毫米,年平均温度16℃～23℃。

适宜发展的主要优良品种:①鲜食品种,早熟品种主要有夏黑、奥古斯特、矢富罗莎、维多利亚等;中熟品种主要有巨峰、藤稔、金手指、巨玫瑰、先锋、翠峰、黄玉、醉金香、信浓乐、安芸皇后、黑峰、阳光玫瑰、里扎马特、玫瑰香、美人指、红罗莎里奥、白罗莎里奥等;晚熟品种主要有红地球、魏可、亚历山大、圣诞玫瑰、意大利等。②酿酒品种主要有赤霞珠、蛇龙珠、品丽珠、梅鹿辄、霞多丽、贵人香、西拉等。③砧木品种主要有SO_4、贝达等。

5. 华中及西南产区　主要包括湖南、湖北、四川、贵州、广西、河南、江西、重庆、云南等省、自治区、直辖市。跨中亚热带和北亚热带两个气候带,温暖而湿润,热量条件好,雨水丰沛。气温由北向南递增,年平均温度在14℃～21℃,年活动积温为4 500℃～7 000℃。降水分布由东南沿海向西北递减,年降水量800～2 000毫米。

适宜发展的主要优良品种:①鲜食品种,早熟品种主要有夏黑、夏至红、维多利亚等;中熟品种主要有巨峰、藤稔、金手指、巨玫瑰、醉金香、户太八号、涌优一号、阳光玫瑰、红宝石无核、玫瑰香、美人指、红罗莎里奥、白罗莎里奥等;晚熟品种主要有红地球、魏可、摩尔多瓦等。②砧木品种主要有SO_4、贝达等。毛葡萄和刺葡萄是本区的特色资源。

二、主要优良品种

(一)鲜食优良品种

主要有香妃、红香妃、京秀、华葡2号、瑞都香玉、瑞都脆霞、早黑宝、早康宝、夏至红、京蜜、京香玉、红双味、贵妃玫瑰、京玉、绯红、矢富罗莎、87-1、奥古斯特、维多利亚、玫瑰香、金手指、极高、里扎马特、克林巴马克、牛奶、美人指、秋红宝、泽香、泽玉、红地球、意大利、达米娜、奥山红宝石、亚历山大、秋黑、秋红、摩尔多瓦、申丰、申宝、醉金香、巨玫瑰、霞光、红富士、藤稔、巨峰、峰后、红瑞宝、高妻、爱神玫瑰、京早晶、火焰无核、无核白鸡心、无核白、丽红宝、瑞都无核怡、红宝石无核、克瑞森无核、夏黑、月光无核、沪培 1 号、阳光玫瑰、瑞锋无核等。

1. 87-1 欧亚种。从辽宁省鞍山市郊区的玫瑰香葡萄园中发现的极早熟、优质、丰产的芽变单株。自然果穗圆锥形（彩图 1-1），平均穗重 520 克。果粒着生中密，短椭圆形，稀果后平均粒重 6.5 克。果皮中等厚，紫红色至紫黑色。果肉细密稍脆，汁中味甜，含可溶性固形物 15%～16.5%，有浓玫瑰香味，品质极佳。果实耐贮运。植株生长势、抗逆性和果粒形状均与玫瑰香品种相似。较丰产，副梢结果能力强。辽宁省兴城地区 4 月下旬萌芽，5 月中旬开花，7 月下旬至 8 月上旬果实成熟。成熟后延迟采收，无落粒、裂果现象。

2. 京蜜 欧亚种。母本为京秀，父本为香妃。果穗圆锥形（彩图 1-2），平均穗重 373.7 克。果粒着生紧密，扁圆形或近圆形，黄绿色，平均粒重 7 克。果皮薄，果肉脆，有 2～4 粒种子，含可溶性固形物 17%～20.2%，味甜，有玫瑰香味，肉质细腻，品质上等。北京地区 4 月上旬萌芽，5 月下旬开花，7 月下旬果实充分成熟，成熟后延迟 45 天采收也不掉粒，不裂果。抗病性强。棚架和篱架栽培均可，中、短梢混合修剪。早果性好，极丰产。

3. 华葡 2 号 欧亚种。母本为 87-1，父本为绯红。需冷量约600 小时，属低需冷量品种。自然果穗圆锥形（彩图 1-3），平均穗重 800 克。果粒着生密，短椭圆形，平均粒重 8 克。果皮中等厚，紫红色至紫黑色。果肉硬脆，汁液中多，味甜，含可溶性固形物

17%～19%，有玫瑰香味，品质佳，不裂果。果实耐贮运。植株长势中庸，极易成花，丰产，副梢结果能力强。辽宁省兴城地区6月上旬开花，8月上中旬果实成熟。对设施内的弱光、低浓度二氧化碳、高温、高湿适应性强，非常适合设施促早栽培。

4. 夏黑 欧美杂种，三倍体品种。原产日本。自然状态下落花落果重，果穗中等紧密（彩图1-4）。果粒近圆形，粒重3克。赤霉素（GA_3）处理后坐果率提高，果粒着生紧密或极紧密，平均穗重608克，平均粒重7.5克。果皮厚而脆，无涩味，紫黑色至蓝黑色，颜色浓厚，着色容易，果粉厚。果肉硬脆，无肉囊，含可溶性固形物20%～22%，味浓甜，有浓郁草莓香味。树势强，抗病力强，不裂果。盛花期和盛花后10天用25～50毫克/升赤霉素处理2次，更易栽培。辽宁省兴城地区8月中旬成熟。

5. 火焰无核 别名火红无核、弗蕾无核、早熟红无核。欧亚种。[（绯红×无核白）×无核白]×[（红马拉加×Tifafihi Ahmer)×（亚历山大×无核白)]杂交育成。果穗短圆锥形（彩图1-5），有副穗，平均穗重352克。果粒着生紧密，近圆形，平均粒重3.5克。果皮薄、鲜红或紫红。果肉硬脆，果汁中等，甘甜爽口，含可溶性固形物17%左右，略有香味，品质佳。抗病性和适应性强，不抗炭疽病。丰产性中等，适于小棚架和高篱架，中、长梢混合修剪，无落粒，不裂果。辽宁省兴城地区，5月上旬萌芽，6月中旬开花，8月下旬果实成熟。果实不耐贮运。

6. 金手指 欧美杂种。原产日本。果穗长圆锥形（彩图1-6），着粒松紧适度，平均穗重445克。果粒长椭圆形至长形，略弯曲，呈菱角状，黄白色，平均粒重7.5克。每果粒含种子0～3粒，多为1～2粒，有瘪籽，无小青粒。果粉厚，极美观。果皮薄，可剥离，含可溶性固形物21%左右，有浓郁的冰糖味和牛奶味。生长势中庸偏旺，新梢较直立。适宜篱架、棚架栽培，特别适宜Y形架和小棚架栽培，长、中、短梢混合修剪。山东省大泽山地区4月7

日左右萌芽,5 月 23 日左右开花,8 月上中旬成熟。

7. 巨峰 欧美杂交种,四倍体品种。原产日本。用石原早生(康拜尔大粒芽变)×森田尼杂交育成。果穗圆锥形(彩图 2-1),平均穗重 550 克。果粒着生中等紧密,椭圆形,平均粒重 10 克。果皮中等厚,紫黑色,果粉中等厚,果刷较短。果肉有肉囊,稍软,有草莓香味,味甜多汁,含可溶性固形物 17%~19%,品质上等。对黑痘病和霜霉病抗性较强,对穗轴褐枯病抗性较弱,抗寒力中等。副梢结实力强,丰产,每 667 米² 产量宜控制在 1 500~2 000 千克。若留果过多或延迟采收,则果实品质下降。辽宁省西部 5 月上旬萌芽,6 月中旬开花,9 月上中旬成熟。运输途中易落粒。

8. 玫瑰香 别名紫玫瑰。欧亚种,二倍体。原产英国。由白玫瑰和黑汉杂交育成。自然果穗圆锥形(彩图 2-2),平均穗重 350 克,果粒着生中密或紧密。稀果粒后,平均粒重 6.2 克。果皮中等厚,紫红色或紫黑色,果粉较厚。肉质细,稍软多汁,有浓郁的玫瑰香味,含可溶性固形物 18%~20%,含酸 0.5%~0.7%,品质极佳。对白腐病、黑痘病抗性中等,抗寒力中等。树势中等,副梢结实力强,较丰产,每 667 米² 产量宜控制在 1 500 千克左右。辽宁省兴城地区 5 月上旬发芽,6 月中旬开花,9 月中下旬成熟。果实耐贮运。

9. 意大利 欧亚种。原产意大利。由比坎和玫瑰香杂交育成。果穗圆锥形(彩图 2-3),平均穗重 830 克。果粒着生中等紧密,椭圆形,平均粒重 7.2 克。果皮绿黄色,中等厚,果粉中等。肉质脆,有玫瑰香味,含可溶性固形物 17%左右,品质上等。抗病力、抗寒力均强。适应性强、丰产。辽宁省兴城地区 4 月下旬萌芽,6 月中旬开花,9 月中下旬成熟。果实耐贮运。

10. 克瑞森无核 别名绯红无核。欧亚种。由晚熟品系 C 33-99 和皇帝杂交育成。自然果穗圆锥形(彩图 2-4),平均穗重 500 克,单歧肩。果粒着生中密或紧密,椭圆形,自然无核,平均粒重 4.2 克。

每粒浆果有 2 个败育种子,食用时无感觉。果皮鲜玫瑰红色,着色一致,有较厚白色果粉。果皮中等厚,与果肉不易分离。果肉浅黄色,半透明,肉质细脆,清香味甜,含可溶性固形物约 18.8%,含酸 0.75%,品质极佳。辽宁省兴城地区 5 月上旬发芽,5 月下旬至 6 月上旬开花,10 月上旬成熟。不裂果,耐贮运。

11. 红地球　别名晚红、大红球、红提等。欧亚种。原产美国。果穗长圆锥形(彩图 2-5),穗重 800 克以上。果粒圆形或卵圆形,着生中等紧密,平均粒重 12～14 克。果皮中等厚,暗紫红色。果肉硬脆,味甜,含可溶性固形物 17% 左右。北京地区 9 月下旬成熟。抗病性较弱,易感黑痘病和炭疽病。树势较强,丰产。适于干旱半干旱地区小棚架栽培,龙干形整枝。果实易着色,不裂果,果刷粗长,不脱粒,果梗抗拉力强,极耐贮运。幼树新梢不易成熟,生长中后期应控制氮肥施用,增补磷、钾肥,少浇水。开花前对花序整形,去掉花序基部大的分支,可每隔 2～3 个分支掐去一个分支。坐果后适当疏粒,每个果穗保留 50～60 个果粒。注意病虫害防治。

12. 秋黑　欧亚种。原产美国。果穗长圆锥形(彩图 2-6),平均穗重 520 克。果粒着生紧密,鸡心形,平均粒重 8 克。果皮厚,蓝黑色,着色整齐一致,果粉厚。果肉硬脆可切片,味酸甜,无香味,含可溶性固形物 17.5% 左右。抗病性较强。生长势极强,早果性和结实力均很强,枝条成熟好,宜棚架栽培。生产中慎用波尔多液。北京地区 9 月底至 10 月初完全成熟。果刷长,果粒着生牢固,不裂果,不脱粒,耐贮运。

(二)酿酒优良品种

主要有赤霞珠、品丽珠、蛇龙珠、梅鹿辄、黑比诺、西拉、佳美、增芳德、晚红蜜、宝石、法国蓝、桑娇维赛、佳利酿、华葡 1 号、梅郁、烟 74、北醇、公酿 1 号、公酿 2 号、双优、左优红、北冰红、雪兰红、媚丽、霞多丽、雷司令、意斯林、白诗南、赛美容、缩味浓、琼瑶浆、灰比诺、白比诺、米勒、白玉霓、小白玫瑰、白佳美、爱格丽等。

1. 赤霞珠 别名解百纳。原产法国。世界上最著名的酿制红葡萄酒品种。果穗中等大,平均穗重 150～170 克。果粒中等大,粒重 1.4～2.1 克,圆形,紫黑色。果皮中厚,果粉厚。出汁率 70% 左右,含可溶性固形物 18% 左右,含酸 0.7% 左右,有较淡的青草香味。较抗寒,抗白腐病。适应性强,树势较强,易早产、丰产。山东省烟台地区 10 月上旬成熟。

2. 梅鹿辄 别名梅鹿特。原产法国。果穗中大,平均穗重 200 克。果粒中等大,平均重 2.5 克,近圆形,果皮中等厚、黑紫色,果粉中等厚。出汁率约 70%,含可溶性固形物约 18%,含酸约 0.8%,有柔和的青草香味。抗病。适应性强,树势中等,丰产。果实于 8 月下旬(陕西杨凌)至 9 月下旬(山东烟台)成熟。

3. 霞多丽 别名莎当尼。原产法国。果穗小,平均穗重 142 克。果粒小,平均粒重 1.3 克,近圆形,绿黄色。果皮薄,粗糙,果脐明显。出汁率约 72%,含可溶性固形物约 20%,含酸约 0.7%。抗病性中等,抗寒性强。适应性强,生长势强,易早产、丰产。山东省青岛地区 9 月上旬成熟。

4. 黑比诺 别名黑彼诺、黑美酿。欧亚种。原产法国。两性花。果穗圆锥形,紧密或极紧密,有的具副穗,穗重 52～150 克。果粒近圆形,紫黑色,平均粒重 1～1.8 克,每果粒有种子 1～3 粒。果粉中等厚,果皮薄。出汁率 70%～75%,含可溶性固形物 16%～20%,含酸 0.6%～1%,味酸甜。较抗炭疽病,易感霜霉病。适应性较窄。树势和产量中等。山东省济南地区 4 月上旬萌芽,5 月上旬开花,8 月中旬充分成熟。

5. 华葡 1 号 酿酒、抗寒砧木兼用品种。母本为左山一,父本为白马拉加。雌能花,两性花。果穗歧肩圆锥形(彩图 3-1),大小整齐,平均穗重 214 克。果粒着生中等紧密,圆形,黑色,无小青粒和采前落粒现象,平均粒重 3.1 克。每果粒含种子 2～4 粒,多为 3 粒,种子与果肉较易分离。果粉厚,果皮厚而韧。果肉软,有肉囊,汁多,绿色,味甜酸,略有山葡萄香味,含可溶性固形物约22.3%,含酸约 1.34%。生长势极强,早果丰产。辽宁省兴城地区 4 月下旬萌芽,6 月上旬盛花,果实 9 月中下旬成熟。极抗霜霉病,基本不发生灰霉病等病害。抗寒性极强,抗旱性和抗高温能力强,抗涝性中等。适宜在无霜期大于 150 天的地区栽培。

6. 北醇　山欧杂种。母本为玫瑰香,父本为山葡萄。两性花。圆锥形带副穗,平均穗重 259 克。果粒着生中等紧或较紧,近圆形,紫黑色,平均粒重 2.56 克。果皮中等厚。果肉软,果汁淡紫红色,甜酸味浓,含可溶性固形物 19.1%～20.4%,含酸0.75%～0.97%,出汁率约 77.4%。抗寒力和抗病力强。对肥水要求不严,棚、篱架均可,中、短梢修剪。树势和结实力强,进入结果期早。北京地区 4 月 8 日萌芽,5 月 17 日开花,9 月 11 日果实充分成熟。

7. 公酿 1 号　山欧杂种。母本为玫瑰香,父本为山葡萄。两性花。果穗圆锥形,略有歧肩,平均穗重 150 克。果粒着生中等紧密,近圆形,蓝黑色,平均粒重 1.57 克。果汁红色,味甜酸,含可溶性固形物约 15.2%,含酸约 2.19%,出汁率约 66.2%。树势强,幼树新梢生长量大,副梢萌发力强。结果早,产量中等。枝蔓9 月初开始木质化,降霜前成熟良好,抗寒力强,在东北中北部稍加覆土即可安全越冬,适于吉林省以北栽培。在吉林省公主岭地区 5 月上旬开始萌芽,6 月上旬开花,9 月上旬果实完全成熟。

8. 北冰红　母本为左优红,父本为 84-26-53。两性花。果穗圆锥形(彩图 3-2),平均穗重 159.5 克。平均粒重 1.3 克,含可溶性固形物 18.9%～25.8%,含酸 1.32%～1.48%。出汁率约 67.1%。树上冰冻果实含可溶性固形物 32.2%～37%,含酸 1.43%～1.59%,出汁率约 22%。抗寒力近似贝达葡萄,沈阳以北地区植株越冬需下架简易防寒。生长势强。吉林市地区 5 月上旬萌芽,6 月中旬开花,9 月下旬果实成熟。

(三)制汁优良品种

主要有康可、康早、黑贝蒂、贝达、蜜而紫、卡托巴、蜜汁、玫瑰露、紫玫康、柔丁香、尼力拉等品种。

1. 康可 别名康克、黑美汁。美洲种。原产北美。近圆形,果实着生中等紧密,蓝黑色,果粉厚,粒重 2.3～2.8 克,有肉囊。出汁率 70% 左右,含可溶性固形物约 15%,含酸 0.65%～0.9%。果汁紫红色,甜酸,具浓郁的美洲种香味,适合欧美人口味。生长势较强,较丰产。适应性强,抗寒、抗病、抗湿能力均强,不裂果,无日灼。宜篱架栽培,中、短梢修剪。辽宁省兴城地区 9 月上旬成熟。

2. 蜜汁 欧美杂种。原产日本。母本为奥林匹亚,父本为弗雷多尼亚四倍体。果穗圆锥形或圆柱形,平均穗重 250 克。果粒着生中等紧密或紧密,扁圆形,红紫色,平均粒重 7.7 克,果皮厚。肉质较软,有肉囊,果汁多,味酸甜,具美洲种味,含可溶性固形物约 17.6%,含酸约 0.6%,品质中上等。生食风味佳。长势中等或较弱,副梢萌发力不强,产量中等。适应性强。抗寒、抗湿、抗病能力均强。不裂果,无日灼。宜篱架栽培,中、短梢修剪。北京地区 8 月中旬成熟。

3. 紫玫康 欧美杂种。果穗圆锥形,平均穗重 102 克,果粒重 3.7～4.3 克,果皮紫红色,果肉柔软多汁,有肉囊,含可溶性固形物约 14%,含酸约 1.26%,味酸甜,有玫瑰香味,稍涩。出汁率约 73%,汁紫红色,果香味浓、酸甜适口,风味醇厚,有新鲜感。产量中等。

4. 尼力拉 别名奈格拉、绿香蕉。欧美杂种。原产美国。康可×Cassady 杂交育成。生食与制汁兼用。果穗圆柱形,或带小副穗,平均穗重 209 克,果粒着生密或中等紧密,近圆形,浅黄绿色,平均粒重 1.9 克。每果粒含种子 1～4 粒,以 2 粒较多;种子中等大,褐色。果粉中等厚,皮中厚。果肉多汁,软,味甜,有草莓香味,含可溶性固形物约 16％,含酸约 0.6％,出汁率约 60.5％。抗病和抗湿力强。树势中等,副梢结实力强,副芽结实力弱,产量较高,果实成熟期一致。辽宁省兴城地区 5 月 3 日萌芽,9 月 7 日果实成熟。

（四）制干优良品种

主要有无核白、无核红、无核白鸡心、牛奶等。

1. 无核白 别名阿克基什米什。欧亚种。原产中亚和近东一带。世界上生产葡萄干最主要的品种,也是品质极佳的鲜食、制罐品种。两性花。果穗长圆锥形或岐肩圆锥形,穗重 210～360 克。果粒着生中等紧密,椭圆形,黄绿色,无籽,粒重 1.4～1.8 克。果皮薄,肉脆,汁少,含可溶性固形物 21％～24％,含酸 0.4％～0.8％,味酸甜。制干率 23％～25％。抗病性和抗寒性差。树势强。在吐鲁番盆地,果实于 8 月下旬充分成熟。

2. 无核红 别名无核紫、马纽卡。欧亚种。原产中亚。制干、鲜食兼用。两性花。果穗圆锥形,平均穗重 655 克。果粒着生中等紧密,椭圆形,黑紫色,无籽,果粉薄,平均粒重 2.4 克。皮薄,果肉黄白色,脆、味甜、汁中多,含可溶性固形物约 24％,品质极上等。树势极强,进入结果期晚,产量较高,适于棚架整枝。多雨地区易得黑痘病及白腐病,产量很低。河北省昌黎地区 4 月 22日萌芽,8 月 18 日果实成熟。果实耐贮运。

（五）设施栽培优良品种

1. 促早栽培

(1)品种选择的原则 冬促早栽培和春促早栽培,选择需冷量(需热量)低、果实发育期短的早熟或特早熟品种。秋促早栽培,一是选择耐弱光、花芽容易形成、着生节位低、坐果率高、连续结果能力强的早实丰产品种,以利于提高产量和连年丰产。二是选择生长势中庸易于调控、适于密植的品种,或利用矮化砧木。三是选择粒大、松紧度适中、果粒大小整齐一致、质优、色艳和耐贮的品种,并注意增加花色品种,以提高市场竞争力。着色品种需选择对直射光依赖性不强、散射光着色良好的品种,以克服设施内直射光减少、不利于葡萄果粒着色的弱光条件。四是选择生态适应性广、抗病性和抗逆性强的品种,或利用抗逆砧木,以利于生产优质安全果品。五是同一棚室内,应选择同一品种或成熟期基本一致的同一品种群的品种,以便统一管理;不同棚室可适当搭配不同品种,做到早、中、晚熟配套,花色齐全。

(2)适用品种

①冬、春促早栽培 华葡2号(87-1×乍娜)、瑞都香玉、香妃、红香妃、乍娜、87-1、京蜜、红旗特早玫瑰、无核早红(8611)、红标无核(8612)、维多利亚、奥迪亚无核、莎巴珍珠、郑州早红、夏至红、玫瑰香等品种耐弱光能力强,在促早栽培条件下具有极强的连年丰产能力,不需进行更新修剪等连年丰产技术措施,无论是在冬促早栽培条件下还是在春促早栽培条件下,冬剪时采取中、短梢修剪即可实现连年丰产。无核白鸡心、金手指、藤稔、紫珍香、火焰无核等品种耐弱光能力较强,在促早栽培条件下具有较强的连年丰产能力,不需进行更新修剪等连年丰产技术措施,即冬促早栽培条件下冬剪时采取中、长梢修剪,春促早栽培条件下冬剪时采取中、短梢修剪,两者均可实现连年丰产。夏黑无核、早黑宝、巨玫瑰、巨峰、金星无核、京秀、京亚、里扎马特、奥古斯特、矢富罗莎、红双味、优无核、黑奇无核、醉金香、布朗无核、凤凰51等品种耐弱光能力差,在冬促早栽培条件下需采取更新修剪等连年丰产技术措施方可实现连年丰产,在春促早栽培条件下如不采取更新

修剪措施,冬剪时需采取中、长梢修剪法才可实现连年丰产。

②秋促早栽培 魏可、美人指、玫瑰香、意大利、极高、红乳、红宝石无核、圣诞玫瑰、奇妙无核、达米娜、秋黑、巨峰等品种多次结果能力强,可利用其冬芽或夏芽的多次结果能力进行秋促早栽培。其中,秋黑等品种叶片的抗衰老能力极强,果实可于春节前后(1~2月份)采收,供应春节市场;圣诞玫瑰、极高、红乳、红宝石无核、奇妙无核、意大利、美人指、达米娜、魏可等品种叶片的抗衰老能力较强,果实可于元旦期间采收(12月份),供应元旦市场;巨峰等品种的叶片较易衰老,果实只能于11~12月份采收。

2. 延迟栽培

(1)品种选择的原则 一是选择果实发育期长且成熟后挂树品质保持时间长的晚熟和极晚熟品种。二是选择花芽容易形成、花芽着生节位低、坐果率高且连续结果能力强的早实丰产品种,以便连年丰产。三是选择粒大、松紧度适中、果粒大小整齐一致、质优、口味香甜和耐贮的品种,注意增加花色品种,克服品种单一化问题,以提高市场竞争力。四是选择生态适应性广,抗病性和抗逆性强的品种或利用抗逆砧木,以利于生产无公害果品。五是在同一棚室定植品种时,应选择同一品种或成熟期基本一致的同一品种群的品种,以便统一管理;而不同棚室在选择品种时,可适当搭配,做到中、晚熟配套,花色齐全。

(2)适用品种 利用推迟萌芽、延迟果实采收的技术,表现较好的品种主要有红地球、克瑞森无核、黄意大利和秋黑等。

(六)砧木优良品种

主要有 SO_4、5BB、420A、5C、3309C、101-14MG、1103P、110R、贝达、140Ru、砂石窝、山葡萄、41B、99R、Dog Ridge、8B、5A、抗砧3号等。

1. SO_4 德国用伯兰氏葡萄(冬葡萄)与河岸葡萄杂交育成,

是法国应用最广泛的砧木。本品种抗根瘤蚜,高抗根癌病,抗根结线虫,耐湿性强,很耐酸,耐石灰质土壤(活性钙达 17%～18%),耐缺铁失绿症,耐盐能力可达 0.32%～0.53%;抗真菌病害很强;长势旺盛,根系发达,初期生长极迅速;产条量大,易生根,利于繁殖;嫁接状况良好,有明显"小脚"现象;对磷具有良好的吸收能力,对镁吸收能力较差;对嫁接品种有提高品质、着色好和早熟的作用;与品种嫁接亲和力好,苗木生长迅速。嫁接长势旺的品种,易导致品种延迟成熟,并有落花落果现象,此问题可通过加强夏季修剪进行管理控制。在辽宁省兴城地区 1 年生扦插苗冬季无冻害。

2. 5BB 奥地利育成,亲本同 SO_4,雌株,在德国、意大利等国家应用较多。本品种极抗根瘤蚜,抗根结线虫;耐石灰质(活性钙达 20%)和耐湿性较好,耐盐性较强,耐盐能力达 0.32%～0.39%,耐缺铁失绿症较强;在黏土中生长良好,不太耐旱;长势旺盛,根系发达,入土深,新梢生长极迅速;产条量大,易生根,利于繁殖,嫁接状况良好;有明显"小脚"现象;田间与品种嫁接成活率高,并有提高品种品质、早熟和着色好的作用。但接穗易生根,与品丽珠、莎巴珍珠和哥伦白等品种亲和力差。

3. 420A 法国用伯兰氏葡萄与河岸葡萄杂交育成。本品种极抗根瘤蚜,抗根结线虫;生长势偏弱,但强于光荣、河岸系砧木;喜轻质肥沃土壤,有抗寒、耐旱、早熟、品质好等作用;田间与品种嫁接成活率 98%。扦插苗在辽宁省兴城地区可露地越冬。

4. 3309C 法国用河岸葡萄与沙地葡萄杂交育成,雌株。本品种根系极抗根瘤蚜,不抗根结线虫;不耐盐碱、不耐旱,适于平原地、较肥沃的土壤;对嫁接品种成活率高,还能促进品种优质、早熟、着色好;在产量过高的幼龄黏土园有缺钾的倾向。

5. 101-14MG 法国用河岸葡萄与沙地葡萄杂交育成,雌性株,可结果。其根系发达,分支多而细,极抗根瘤蚜,较抗根结线虫;抗湿性较强,能适应黏土壤,不抗旱;生长期短,促进嫁接品种早熟,适于嫁接早熟品种;在室内硬枝嫁接与田间嫁接成活率较高;对钾吸收能力较好,而对磷吸收能力差。

6. 1103P 意大利用伯兰氏葡萄与沙地葡萄杂交育成,雄株。本品种植株生长旺;极抗根瘤蚜,抗根结线虫;抗旱性强,适应黏土地但不抗涝,抗盐碱;枝条产量中等,每公顷产 3 万～3.5 万米,与多数品种嫁接成活率高。

7. 110R 来源同 1103P。本品种可显著提高接穗品种的树势和产量,并能提高果实品质;抗根瘤蚜,抗根结线虫;抗旱性强,耐瘠薄。

8. 贝达 美国用美洲葡萄与河岸葡萄杂交育成。本品种植株生长势强,抗寒力强,根系能耐 -12.5℃ 的低温,抗湿性强,抗旱性中等,耐盐性中等,耐石灰质土壤中等;扦插生根容易,与多数品种嫁接亲和力好,有明显"小脚"现象;在我国东北、西北、华北地区主要用作抗寒砧木。近年来发现很多母树已感染扇叶病、卷叶病、斑点病、栓皮病等病毒病,因此利用前应先脱毒。该品种在我国西北部分地区表现黄化较重。

9. 140Ru 原名 140 Ruggeri,亲本为冬葡萄×沙地葡萄,原产意大利。本品种生长势强,极抗根瘤蚜,较抗线虫,抗旱性中等,不耐湿,较耐酸;抗缺铁、耐寒、耐盐碱;插条生根较难,与欧亚品种嫁接亲和力好,适于偏干旱地区偏黏土壤上生长。

10. 山葡萄 原产我国东北及前苏联远东等地,属东亚种群,是培育抗寒砧木的良好亲本,果实可酿酒。本品种植株生长势强,抗寒力特强,是葡萄属抗寒性最强的种,枝条可耐 -40℃～-50℃的低温,根系可抗 -15℃～-16℃ 的低温;不耐盐碱,较耐瘠薄;不抗线虫与根瘤蚜,不抗根癌病;扦插发根力差,扦插生根较困难。实生苗发育缓慢,根系不发达,须根少,移栽成活率较低,从而制约了山葡萄砧木的应用。该品种与巨峰系多数栽培品种嫁接亲和力有一定问题,"小脚"现象严重。

11. 41B　欧美杂种,是欧亚种葡萄沙斯拉和美洲种群冬葡萄的杂交种,原产法国。本品种抗根瘤蚜,极耐石灰性土壤(活性钙可达 40%,在雨季有所降低),不抗线虫,抗旱性较强,不耐湿,不耐盐;易感霜霉病;生长势中等,生长周期短;嫁接树初期生长缓慢,但成龄树坐果好、产量高;生根缓慢或困难,生根率仅 15%～40%,降低了床接的成功率,但田间嫁接效果良好。

三、建园与苗木栽培

(一)土壤改良

深翻和增施有机肥是葡萄建园时的重要土壤改良方法。

1. 北方葡萄产区　深翻是土壤改良的重要方法。苗木根系能否深扎、抗旱、抗寒,与土壤是否深翻有很大关系。精耕细作的田地,且土地平整、土层较厚的,可用拖拉机深耕 50～60 厘米,加深活土层;如果土层瘠薄或有黏板层,则需要用小型挖掘机或人工开沟。开沟深度一般应达到 80 厘米以上,宽度至少 80 厘米。把原耕作层(地表约 30 厘米)放在一边,生土层放在另一边;将准备好的作物秸秆(最好铡碎)施入沟内底层,压实后厚约 5 厘米;将准备好的腐熟有机肥(羊粪最好,其次是鸡、鸭、鹅等禽粪,或兔、牛、猪等畜粪,以及腐熟的人粪尿等,每 667 米² 用量 5 000～10 000 千克)部分与生土混匀,如果土壤偏酸则视情况加入较大量的生石灰或石膏,如果土壤偏碱则加入大量的酒糟、沼渣等酸性有机物料,混匀后填回沟内;剩下的有机肥与熟土混匀,适当加入钙、镁、磷肥等,填回沟内。如果土壤瘠薄、底层土壤较差,可将包括行间的熟土层全部铲起,与有机肥混匀后全部填回沟内,而将生土补到行间并整平。对回填后的定植沟进行灌水沉实,以促进有机肥料的腐熟;对于冬季需埋藤防寒的地区,定植沟灌水沉实后沟面需比行间地面深 30 厘米左右,可利于越冬防寒。

2. 南方葡萄产区　南方产区葡萄丰产的关键制约条件是地下水位高,土壤黏重,容易积涝,因此搞好排水是基础。改良土壤,多施有机肥是此区优质丰产的关键。南方一般采取高垄栽培,垄高 40～50 厘米、垄顶宽 50～80 厘米;或浅沟高垄栽培:沟宽 80～100 厘米、沟深 30～40 厘米、垄高 30～40 厘米、垄顶宽 50～80 厘米。地下水位浅的地区可以实施限根栽培。

（二）设施葡萄栽培模式

起垄限根和薄膜限根是设施葡萄生产中较好的建园模式。

1. 起垄限根　该限根栽培模式适于降水充足或地下水位过高地区的葡萄设施栽培,是防止葡萄积水成涝的有效手段,而且在设施葡萄促早栽培升温时利于地温快速回升,使地温和气温协调一致。具体操作如下:在定植前,按适宜行向和株行距开挖定植沟,定植沟一般宽 80～100 厘米、深 60～80 厘米。定植沟挖完后首先回填 20～30 厘米厚的砖瓦碎块,其上再回填 30～40 厘米厚的秸秆杂草(压实后形成约 10 厘米厚的草垫);然后每公顷施入腐熟有机肥 75 000～150 000 千克与土混匀回填,灌水沉实;最后将表土与 7 500～15 000 千克生物有机肥混匀,并起 40～50 厘米高、80～100 厘米宽的定植垄。

2. 沟槽式薄膜限根　该限根栽培模式适于降水较少的干旱地区或漏肥漏水严重的设施葡萄栽培地区。在定植前,按适宜行向和株行距开挖定植沟,定植沟一般宽 100～120 厘米、深 40～80 厘米。定植沟挖完后首先于沟底和两侧壁铺垫塑料薄膜;然后回填 20～30 厘米厚的秸秆杂草(压实后形成约 10 厘米厚的草垫);再将腐熟有机肥与土混匀回填至与地表平,有机肥用量为每公顷施入腐熟有机肥 75 000～150 000 千克和生物有机肥 7 500～15 000 千克;最后浇透水。

此外,将起垄限根和薄膜限根两种限根栽培模式结合形成起垄薄膜限根栽培模式,如此既能发挥起垄限根的优点,又能发挥薄膜限根的优点。

(三)苗木选择

采用优质壮苗建园是实现葡萄优质高效生产的基本前提,农业行业标准《葡萄苗木》(NY 469—2001)对葡萄苗木质量做出了明确规定(表 3-1 和表 3-2)。

表 3-1　葡萄自根苗质量

项　目		一　级	二　级	三　级
品种纯度		≥98%		
根　系	侧根数量(条)	≥5	≥4	≥4
	侧根粗度(厘米)	≥0.3	≥0.2	≥0.2
	侧根长度(厘米)	≥20	≥15	≥15
	侧根分布	均匀、舒展		
枝　干	成熟度	木质化		
	高度(厘米)	≥20		
	粗度(厘米)	≥0.8	≥0.6	≥0.5
根皮与枝皮		无新损伤		
芽眼数(个)		≥5		
病虫危害情况		无检疫对象		

表 3-2　葡萄嫁接苗质量

项　目		一　级	二　级	三　级
品种与砧木纯度		≥98％		
根　系	侧根数量（条）	≥5	≥4	≥4
	侧根粗度（厘米）	≥0.4	≥0.3	≥0.2
	侧根长度（厘米）	≥20		
	侧根分布	均匀、舒展		
根　干	成熟度	充分成熟		
	枝干高度（厘米）	≥30		
	接口高度（厘米）	10～15		
	粗度（厘米）　硬枝嫁接	≥0.8	≥0.6	≥0.5
	绿枝嫁接	≥0.6	≥0.5	≥0.4
	嫁接愈合程度	愈合良好		
根皮与枝皮		无新损伤		
接穗品种芽眼数（个）		≥5	≥5	≥3
砧木萌蘖		完全清除		
病虫害情况		无检疫对象		

1. 自根苗　目前，生产上使用的苗木大多是品种自根苗。自根苗繁殖容易、成本低，欧亚种的自根苗对盐碱和钙质土适应能力强，但大部分主栽品种的自根苗抗寒、抗旱能力比嫁接苗差很多，有些品种如藤稔以及其他多倍体的品种发根能力差，或根系生长弱。更重要的是品种自根苗不抗根瘤蚜，也不抗根结线虫及根癌等，因此自根栽培仅适宜于无上述生物逆境、生态逆境胁迫的地区使用。

2. 嫁接苗　在我国北方因抗寒需要长期使用贝达进行嫁接。

随着葡萄根瘤蚜在我国多个省份蔓延,使用抗根瘤蚜的抗性砧木嫁接已经成为抗根瘤蚜的首选方式,但是埋土防寒区选择抗性砧木时要首先考虑其抗寒性。需要抗涝的地区可以选择河岸葡萄为主的杂交砧木,如促进早熟的 101-14M、3309C,生长势中庸的420A 或中庸偏旺的 SO_4、5BB;在干旱瘠薄及寒冷的地区,建议选择深根性的偏沙地葡萄系列,如 110R、140Ru、1103P 等。砧木长度是选择嫁接苗的关键。不同产区要求的砧木长度不同,南方没有寒害,砧木长度 20 厘米即可;越是北方寒冷地区对砧木的长度要求越高,目前进口的嫁接苗砧木长度在 40 厘米;一般地区推荐30 厘米。检查嫁接苗要看嫁接愈合部位是否牢固,可用手掰看嫁接口是否完全愈合无裂缝;至少有 3 条发达的根系并分布均匀;接穗成熟,至少 8 厘米长。

3. 砧木自根苗 国外根据枝条的粗度将收获的砧木枝条分成两部分,直径在 6～12 毫米的用于生产嫁接苗,较细或较粗的枝条则扦插繁殖为砧木苗。这些砧木苗可在田间定植,待其半木质化后进行绿枝嫁接。有些国家为了充分利用砧木的抗性而采用 70 厘米甚至 1 米长的砧木进行高接,从而解决了主干的抗寒及抗病问题。北方用砧木苗建园的优点:一是砧木苗抗霜霉病;二是大部分砧木抗寒性强,管理起来简便省工;三是翌年嫁接时根系生长量大,可以较快地促进接穗生长,有利于实现葡萄长期优质、丰产的目的。

(四)栽植行向和密度

葡萄的行向和株行距与地区、地形、地貌、风向、光照、树形、品种等有密切关系。

1. 行 向

(1)露地栽培 葡萄的行向与地形、地貌、风向、光照等有密切关系。一般地势平坦的葡萄园为南北行向,葡萄枝蔓顺着主风向引绑。南北行向日照时间长,光照强度大,特别是中午葡萄根部能接受到阳光,更有利葡萄的生长发育,且能提高浆果的品质和产量。山地葡萄园的行向,应与坡地的等高线方向一致,顺坡势设架;葡萄树栽在山坡下,应向山坡上爬,既适应葡萄生长规律,光照好,又节省架材,有利于水土保持和田间作业。

(2)设施栽培 篱架栽培以南北行向为宜,棚架栽培东西行向或南北行向均可。

2. 株行距 葡萄的株行距由当地气候条件、架式、树形和品种长势等来确定。

(1)露地栽培 目前,葡萄生产上存在种植密度过大的问题,首要工作是加大行距,以利于机械化作业。在温暖地区,冬季不需埋土防寒,单立架栽培行距以 2.5 米左右为宜。但若栽培长势较旺的品种,如夏黑无核等,则需采用水平式棚架配合单层双臂水平龙干树形栽培,即“一”字形或“H”树形,株行距分别以(2～2.5)米×(4～6)米和(4～6)米×(4～10)米为宜。年绝对低温在－15℃以下的北方或西北地区,葡萄枝蔓在冬季需要下架埋土防寒,防寒土堆的宽度与厚度一定要比根系受冻深度多 10 厘米左右,葡萄树才能安全越冬,此区多用中、小棚架。栽植长势中庸偏强的品种,采用斜干水平龙干树形配合水平叶幕,其株行距若单行定植以(2～2.5)米×(4～6)米为宜,则单穴双株定植,若双行定植以(1～1.25)米×(6～8)米为宜,则单穴双株定植。

(2)设施栽培

①篱架栽培 树形采取单层水平龙干形,行距若配合直立叶幕,株行距以(0.5～1)米×1.5 米为宜;若配合“V”形叶幕,株行距以(0.5～1)米×2 米为宜;若配合水平叶幕,株行距以(0.5～1)米×2.5 米为宜。

②棚架栽培 株行距以(2～2.5)米(单穴双株定植)×(4～4.5)米较佳。

（五）栽植技术

定植苗木分为苗木处理和苗木定植两大步。

1. 苗木处理

（1）修剪苗木　栽植前须将苗木保留 2～4 个壮芽再修剪，基层根一般可留 10 厘米，受伤根则在伤部剪断。如果苗木比较干，可在清水中浸泡 1 天。苗木准备好后要立即栽植，若不能很快栽完，可用湿麻袋或草苫遮盖，以防被抽干。

（2）消毒和浸根　为了减少病虫害特别是检疫害虫的传播，提倡苗木双向消毒，即要求苗木生产者售苗时或使用者种植前对苗木消毒，包括杀虫剂（如辛硫磷）和杀菌剂（根据苗木供应地区的主要病害选择针对性药剂或广谱性杀菌剂）。苗木在较高浓度药剂中浸泡半小时，其后在清水中浸泡漂洗；也可以使用 ABT-3 生根粉浸蘸根系，提高其生根量和成活率。

2. 苗木定植

（1）定植时间

①露地栽培　在不需要埋土防寒的南方，可于秋、冬季进行定植。北方一般宜在春季葡萄萌芽前定植，即地温达到 7℃～10℃时进行。如果土壤干旱，可在定植前 1 周浇 1 次透水。

②设施栽培　北方地区的设施栽培，如果栽培设施已经建好并覆膜升温，那么可在春节前后定植，以便苗木快速成形、早期丰产。

（2）定植技术

①定点　按照葡萄园设计的株行距（行距与深翻沟中心线的间距一致）及行向，用生石灰画十字定点。

②挖穴　视苗木大小，挖直径 30～40 厘米、深 20～40 厘米的穴，如果有商品性有机肥，那么每穴添加 1～2 锨。土壤如果偏酸或偏碱，可适当添加校正有机物料或各种大量、中量、微量元素复合肥。

③栽植　将苗木放入穴内，边填土边踩实，并用手向上提一

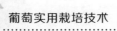
提,使其根系舒展。嫁接苗定植时短砧至少要露出土面5厘米左右,避免接穗生根。

④灌溉 苗木栽完后应立即灌1次透水,以提高成活率。

⑤封土 待水下渗后,用行间土壤修平种植穴并覆黑地膜保湿,可免耕除草。

四、整形修剪

(一)高光效省力化树形和叶幕形

目前,在葡萄生产中,树体普遍采用多主蔓扇形和直立龙干形。叶幕普遍采用直立叶幕形(即篱壁形叶幕),但其存在如下诸多问题,严重影响了葡萄健康可持续发展:一是通风透光性差,光能利用率低;二是顶端优势强,易造成上强下弱;三是副梢长势旺,管理频繁,工作量大;四是结果部位不集中,成熟期不一致,管理不方便等。

采用单层水平龙干形、独龙干形、"H"形等高光效省力化树形,并配合直立叶幕、倾斜叶幕、水平叶幕等高光效省力化叶幕形,利于机械化作业,并有效减轻工作量,提高果实品质。

1. 单层水平龙干形 单层水平龙干形是适于中、短梢混合修剪或短梢修剪品种常用的一种树形。根据臂的数目可分为单层单臂水平龙干形和单层双臂水平龙干形两种形式;根据主干是否倾斜又分为斜干水平龙干形(适于冬季下架埋土防寒地区)(图3-1)和直干水平龙干形(适于冬季不下架地区和设施栽培)(图3-2)两种形式。

单层水平龙干形适于篱架(新梢直立或倾斜绑缚时主干高度0.8~1米,新梢自由下垂时主干高度1.8~2米)或棚架(新梢水平绑缚,主干高度1.8~2米)栽培。新梢分为直立绑缚、倾斜绑缚、水平绑缚和自由下垂几种绑缚方式:直立绑缚时宜采用篱架

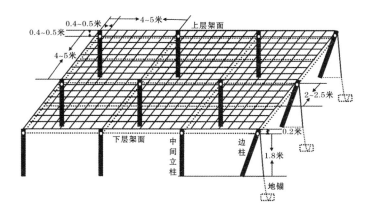

图 3-1 斜干单层单臂水平龙干形配合水平叶幕 （单位：米）

（王海波 提供）

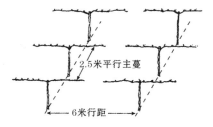

图 3-2 直干单层双臂("T"形)水平龙干形配合水平叶幕 （单位：米）

（王世平 提供）

架式，"V"形倾斜绑缚时宜采用"Y"形架式，水平绑缚时宜采用棚架架式，自由下垂时宜采用"T"形架式。新梢长度以 1～1.5 米为宜。

定植当年，在主干要求高度处进行冬剪定干。第二年萌发后，选择主干顶端 1 个或 2 个壮芽萌发的新梢，冬剪时作为结果母枝，水平绑缚在铁线上，形成该树形的单臂或双臂。第三年后，臂上始终均匀保留一定数量的结果枝组（双枝更新枝组间距 30 厘米，单枝更新枝组间距 15～20 厘米），然后在其上方按照不同架式的要求拉铁线，以便绑缚新梢。

　　整体而言，该树形光照好，下部主干通风较好，病害少，夏剪省工。我国早已引入这种树形，例如，在不埋土区的酿酒葡萄、南方"Y"形架上应用的"T"树形，平棚架上应用的"一"字树形等。为适度提高产量，可将双臂水平形改为四臂水平形，很似小"H"树形，也可以利用一穴定植两株苗木进行树形培养，形成变通式双臂水平龙干树形。冬季需下架埋藤的防寒地区整形时，需在主干基部形成"压脖弯"构造，以方便葡萄藤下架防寒和上架绑缚等工作，防止主干被折断。

　　2. 独龙干形　　独龙干树形的应用主要是在冬季需下架埋藤防寒的北方，适于平棚架或倾斜式棚架。独龙干树形的主蔓总长度一般在 4～6 米，完成整形时间需 3～4 年。在无霜期小于 160 天的较冷凉或土壤条件较差的地区，栽苗第一年宜先完成壮苗，第二年放条以加速主蔓生长，第三年边结果边放条，第四年完成整形进入盛果期。独龙蔓之间的间距宜拉大到 2～2.5 米，新梢均匀平绑在棚架上，互不交叉。需要注意的是，结果枝组在龙蔓上的起步高度要因地制宜：①冷凉且夏季比较干燥的地区，葡萄生长季节时的畦面需要太阳直射光来提高土壤温度，故需在棚面上留出较宽的光道，龙蔓结果枝组培养高度可定在 1 米。②北方暖温带且夏季雨水偏多地区，龙蔓结果枝组高度应提高到 1.5 米，待完成独龙干树形后，宜保留棚面部位的结果枝组，而篱面部位不留结果枝组，可改善葡萄园微气候环境，降低病虫害发生，提高葡萄食品安全。同样，为便于冬季下架埋藤防寒和春季上架绑缚，该树形主干基部必须具备"压脖弯"构造。

　　3. "H"形　　该树形是日本近年在水平连棚架上推出的最新葡萄树形，一般用于平地葡萄园。该树形整形规范，新梢密度容易控制，修剪简单，易于掌握；结果部位整齐，果穗基本呈直线排列，利于果穗和新梢管理。定植苗当年要求选留 1 个强壮新梢作主干,长度须达 2.5 米以上,否则当年培育不出第一亚干,而且要第二年继续培养。主干高度基本与架高相等,在到达架面时,培养左右相对称的第一、第二亚干,亚干总长度 1.8～2 米,然后从亚干前端各分出前后 2 个主蔓,共 4 个平行主蔓,与主干、亚干组成树体骨架,构成"H"形(图 3-3)。主蔓上直接着生结果母枝或枝组,可以在 1 米长的主蔓上着生 12～14 个新梢。冬剪时,作为骨干枝的各级延长枝,可根据整形需要和树势强弱剪截,要求剪口截面直径达 1 厘米以上,以加速整形;结果母枝一般留 2～3 芽短截,遇到光秃带部位可适当增加结果母枝留芽量,以补足空缺。

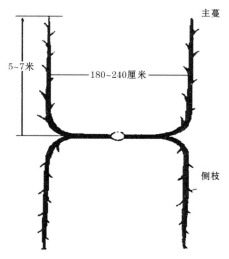

图 3-3　"H"形配合水平叶幕

(王世平　提供)

(二)简化修剪技术

1. 冬季修剪(休眠季修剪)

(1)冬剪时间　冬季修剪从落叶后到翌年开始生长之前,这一阶段的修剪都不会显著影响植株体内碳水化合物营养,也不会影响植株的生长和结果。在北方冬季埋土越冬地区,落叶后必须尽早进行冬季修剪;在南方非埋土越冬地区,可于落叶3～4周后至伤流前进行冬季修剪,时间一般在自然落叶1个月后至翌年1月份,此期树体进入深休眠期。

(2)常用方法

①短截　指将1年生枝剪去一段、留下一段的剪枝方法,是葡萄冬季修剪的最主要手法。短截根据剪留长度的不同,可分为极短梢修剪(留1芽或仅留隐芽)、短梢修剪(留2～3芽)、中梢修剪(留4～6芽)、长梢修剪(留7～11芽)和极长梢修剪(留12芽以上)等修剪方式。根据花序着生的部位选取修剪方式,与品种特性、立地生态条件、树龄、整形方式、枝条发育状况及芽的饱满程度息息相关。一般情况下,对花序着生部位1～3节的品种采取极短梢、短梢或中短梢修剪,如巨峰等;花序着生部位4～6节的品种采取中、短梢混合修剪,如红地球等;花序着生部位不确定的品种,采取长、短梢混合修剪,如克瑞森无核等。欧美杂交种对剪口粗度要求不严格,欧亚种葡萄剪口粗度则以0.8～1厘米以上为好,如红地球、无核白鸡心等。

②疏剪　把整个枝蔓(包括1年生和多年生枝蔓)从基部剪除的修剪方法,称为疏剪。其作用:一是疏去过密枝,改善光照和营养物质的分配;二是疏去老弱枝,留下新壮枝,以保持生长优势;三是疏去过强的徒长枝,留下中庸健壮枝,以均衡树势;四是疏除病虫枝,防止病虫害的危害和蔓延。

③缩剪　把2年生以上的枝蔓剪去一段、留一段的剪枝方法,称为缩剪。主要作用:一是更新转势,剪去前一段老枝,留下后面新枝,使其处于优势部位;二是防止结果部位的扩大和外移;三是具有疏除密枝、改善光照的作用,若缩剪大枝还有均衡树势的作用。以上3种修剪方法,以短截法应用最多。

（3）枝蔓更新

①结果母枝的更新　结果母枝更新的目的在于避免结果部位逐年上升外移和造成下部光秃，修剪手法有两种。

第一，双枝更新。结果母枝按所需长度剪截，将其下面邻近的成熟新梢留 2 芽短剪，作为预备枝。预备枝在翌年冬季修剪时，上一枝留作新的结果母枝，下一枝进行极短截，使其形成新的预备枝；原结果母枝于当年冬剪时被回缩掉，以后逐年采用这种方法依次进行。双枝更新要注意预备枝和结果母枝的选留，结果母枝一定要选留那些发育健壮充实的枝条，而预备枝应处于结果母枝下部，以免结果部位外移。

第二，单枝更新。冬季修剪时不留预备枝，只留结果母枝。翌年萌芽后，选择下部良好的新梢，培养为结果母枝，冬季修剪时仅剪留枝条的下部。单枝更新的母枝剪留不能过长，一般应采取短梢修剪，不使结果部位外移。

②多年生枝蔓的更新　经过多年修剪，多年生枝蔓上的"疙瘩""伤疤"增多，影响输导组织的畅通。对于过分轻剪的葡萄园，葡萄树下部会出现光秃，结果部位外移，使得新梢细弱，果穗果粒变小，产量及品质下降，遇到这种情况就需对一些大的主蔓或侧枝进行更新。其修剪手法有两种：一是大更新。凡是从基部除去主蔓进行更新的，称为大更新。在大更新以前，必须积极培养从地表发出的萌蘖或从主蔓基部发出的新枝，使其成为新蔓，当新蔓足以代替老蔓时，即可将老蔓除去。二是小更新。对侧蔓的更新称为小更新。一般在肥水管理差的情况下，侧蔓 4～5 年需要更新 1 次，常采用回缩修剪的方法。

（4）冬剪留芽量　在树形结构相对稳定的情况下，每年冬季修剪的主要剪截对象是 1 年生枝，修剪的主要工作就是疏掉和短截一部分枝条。单株或单位土地面积（667 米^2）在冬剪后保留的芽眼数被称为单株芽眼负载量或每 667 米^2 芽眼负载量。适宜的芽眼负载量是保证翌年适量的新梢数、花序和果穗数的基础。冬剪留芽量的多少主要决定于产量的控制标准。我国不少葡萄园对冬季修剪时的留芽量较随意，多数情况是留芽量偏大的问题，这也是造成葡萄高产低质的主要原因。以温带半湿润地区为例，要想保证良好的葡萄品质，每 667 米^2 产量就应控制在 1 500 千克以下。巨峰品种冬季留芽量，一般每 667 米^2 为 6 000 芽，即每 4 个芽保留 1 千克果；红地球等不易形成花芽的品种，每 667 米^2 留芽量要增加 30％。而南方亚热带湿润区，年日照时数少，每 667 米^2 产量应控制在 1 000 千克或以下，但葡萄形成的花芽也相对差些，通常每 5～7 个芽保留 1 千克果。因此，冬剪留芽量不仅需要看产量指标，还要看其地域生态环境、品种及管理水平。

2. 夏季修剪（生长季修剪）　夏季修剪是指在萌芽后至落叶前的整个生长期内所进行的修剪，修剪的目的：一是调节树体养分分配，确定合理的新梢负载量与果穗负载量，使养分能充分供应果实；二是调控新梢生长，保持合理的叶幕结构，保证植株通风透光；三是平衡营养生长与生殖生长，既能促进开花坐果，提高果实的质量和产量，又能培育充实健壮、花芽分化良好的枝蔓；四是使植株便于田间管理与病虫害防治。

（1）抹芽、疏梢和新梢绑缚　抹芽和疏梢是葡萄夏季修剪的第一项工作，应根据葡萄种类、品种萌芽、抽枝能力、长势强弱、叶片大小等进行修剪。春季萌芽后，新梢长至 3～4 厘米时，每 3～5 天分期、分批抹去多余的双芽、三生芽、弱芽和面地芽等；当芽眼生长至 10 厘米时，基本已显现花序或 5 叶 1 心期后，陆续抹除多余的枝如过密枝、细弱枝、面地枝和外围无花枝等；当新梢长至 40 厘米左右时，根据栽培架式，保留结果母枝上由主芽萌发的带有花序的健壮新梢，而将副芽萌生的新梢除去，在植株主干附近或结果枝组基部保留一定比例的营养枝，以培养翌年结果母枝，同时保证当年葡萄负载量所需的光合面积。北方地区，在土壤贫瘠条件下,尤其是生长势弱的品种,每 667 米² 留梢量以 4 000～6 000 个为宜;反之,在土壤肥沃、肥水充足的条件下,尤其是生长势强旺、叶片较大及大穗型品种每个新梢都需要较大的生长空间,每 667 米² 的留梢量以 3 000～4 000 个为宜。定梢结束后及时利用绑梢器或尼龙线夹压,或缠绕固定等方法对新梢进行绑蔓,以使葡萄架面枝梢分布均匀,通风透光良好,叶果比例适当。

(2)摘 心

①梢摘心 主梢摘心一般采取两次成梢技术。对于坐果率低的品种(如巨峰等),在新梢开花前 7 天左右进行第一次摘心,以提高坐果率;待新梢长至总长 130 厘米左右时进行第二次摘心。对于坐果率高的品种(如红地球等),新梢在花后的坐果期或更晚进行第一次摘心,以使部分果粒脱落达到减轻疏粒工作的目的;待新梢长至总长 130 厘米左右时进行第二次摘心。摘心标准:将小于正常叶 1/3 处的梢尖掐去。

②副梢管理 一般情况下,新梢第一次摘心后,留顶端副梢继续生长,其余副梢留 1 片叶后摘心;新梢第二次摘心后,顶端副梢留 4 片叶反复摘心,其余副梢留 1 片叶后摘心。

③主梢和副梢免夏剪管理 新梢处于水平或下垂生长状态时,新梢顶端优势会受到抑制,本着简化修剪、省工栽培的目的,笔者提出以下免夏剪的方法,即主梢和副梢不进行摘心处理。较适宜该法的品种、架式及栽培区分别为:棚架、"T"形架和"Y"形架栽植的品种,对夏剪反应不敏感(不摘心也不会引起严重落老落果、大小果)的品种和新疆产区(气候干热)栽植的品种。免夏剪管理务必先通过肥水调控、限根栽培或烯效唑化控等技术措施,使树相达到中庸状态方可采取此管理方法。

(3)环割或环剥 环剥或环割是指在短期内阻止上部叶片合成的碳水化合物向下输送,使养分在环剥口以上的部分储藏的方法。环剥有多种生理效应,如花前 1 周进行环剥能提高坐果率,花后幼果迅速膨大期时进行能增大果粒、软熟着色期、提早浆果成熟期等。环剥或环割以部位不同可分为主干、结果枝、结果母枝环剥或环割。环剥宽度一般3～5毫米，不伤及木质部；环割一般连续4～6道，深达木质部。

(4)除卷须、摘老叶　卷须是葡萄借以附着、攀缘支架的器官，在生产栽培条件下卷须对葡萄的生长发育作用不大，反而会消耗营养，且其缠绕给枝蔓管理带来不便，因此应及时剪除。葡萄叶片生长是一个由缓慢到快速再到缓慢的过程，生长速度呈"S"形曲线。葡萄成熟前为促进果实上色，可将果穗附近的2～3片老叶摘除，以利光照，但叶片摘除不宜过早，以采收前10天为宜。长势弱的树体不宜摘叶。

(5)扭梢　对新梢基部进行扭梢可显著抑制新梢旺长，于开花前进行扭梢可显著提高葡萄坐果率，于幼果发育期进行扭梢可促进花芽分化、果实成熟并改善果实品质。

五、园区土肥水管理

（一）土壤管理

土壤管理技术主要有清耕、生草、覆盖、免耕、清耕覆盖等，目前运用最多的是清耕、生草和覆盖。在具体生产中，应该根据当地土壤特点、气候条件、劳动力情况、经济实力等条件因地制宜，灵活运用。

1. 清耕　清耕指在植株附近树盘内结合中耕除草、基施或追施化肥、秋翻秋耕等进行的人工或机械耕作方式，可常年保持土壤疏松无杂草。全园清耕有很多优点：①提高早春地温，促进葡萄发芽；②保持土壤疏松，改善土壤通透性，加快土壤有机物的腐熟和分解，有利于葡萄根系的生长和对肥水的吸收；③控制果园杂草生成,减少病虫害的寄生源,降低果树虫害密度和病害发生率;④减少或避免杂草与果树争夺肥水。但全园清耕也有一些缺陷:①清耕破坏了表层 20 厘米土壤内的大量具吸收作用的毛根,根系吸收养分受限制,影响葡萄花芽的形成与果实的糖度、色泽;②清耕会促使树体徒长,导致葡萄晚结果、少结果、产量低;③清耕使地面裸露,会加速地表水土流失;④清耕比较费工,会增加管理成本。尽管有不足的方面,但清耕法至今仍是我国采用的最广泛的果园土壤管理方法,究其原因主要是葡萄园各项技术操作频繁,人在行间走动多,土壤易板结。土壤清耕的范围可根据葡萄行间的大小和根系分布进行划定。篱架行距较小时,可在离植株 50 厘米以外,隔行分次轮换清耕;棚架行距较大,可在根系分布外围进行深翻,离植株 80 厘米以外,深翻应结合施肥进行。春季中耕可选择萌芽前进行,深度为 10～15 厘米,并结合施催芽肥,全园翻耕。

2. 生草 葡萄园生草是指在葡萄园行间或全园长期种植多年生植物,分为人工种草和自然生草两种方式。生草适合在年降水量较多或有灌水条件的地区进行。人工种草,草种多用豆科或禾本科等矮秆、适应性强的,如毛叶苕子、三叶草、鸭茅草、黑麦草、百脉根和苜蓿等;自然生草利用田间自有草种即可。当草高30 厘米左右时,留茬 5～8 厘米,其余割除,割除的草可覆盖在树盘或行间,使其自然腐烂或结合畜牧养殖过腹还田,以增加土壤肥力。人工种草一般在秋季或春季深翻后播种草种,其中秋季播种最佳,并可有效解决生草初期滋生杂草的问题。葡萄园生草的优点:①减少土壤冲刷,增加土壤有机质,改善土壤理化性状,使土壤保持良好的团粒结构,防止土壤暴干、暴湿,利于土壤保墒、保肥;②改善葡萄园生态环境,为病虫害的生物防治和绿色果品的生产创造条件;③减少葡萄园管理用工,便于机械化作业,即生草果园可以保证机械作业随时进行,即使是在雨后或刚灌溉的土地上,也能进行机械作业,如喷洒农药、生长季修剪、采收等,机械化可以保证作业的准时,不误季节;④经济利用土地,提高果园综合效益。当然,生草果园也存在和覆草管理相似的缺点,如果园不易清扫、病虫源增加等问题,针对这些缺点,也应相应地加强管理。

3. 覆盖　覆盖适合在干旱和土壤较为瘠薄的地区进行,利于保持土壤水分和增加土壤有机质(彩图3-3)。葡萄园常用的覆盖材料为地膜,麦秸、麦糠、玉米秸、稻草等亦可。一般于春夏覆盖黑色地膜,夏秋覆盖麦秸、麦糠、玉米秸、稻草或杂草等(覆盖材料越碎越细越好)。覆草多少根据葡萄园土质和草量情况而定,一般每667米^{2}平均覆干草1 500千克以上,厚度15～20厘米,覆草上面压少量土,每年结合秋施基肥深翻。果园覆盖法具有以下几个优点:①保持土壤水分,防止水土流失;②增加土壤有机质;③改善土壤表层环境,促进树体生长;④提高果实品质;⑤浆果生长期内采用果园覆盖措施可使水分供应均衡,防止因土壤水分剧烈变化而引起裂果;⑥减轻浆果日灼病。覆盖栽培也有一些缺点:①葡萄树盘上覆草后不易灌水;②由于覆草后果园的杂物包括残枝落叶、病烂果等不易清理,为病虫提供了躲避场所,增加了病虫来源,因此在病虫防治时,要对树上树下细致喷药,以防加剧病虫危害。

(二)肥料施用

1. 基肥　基肥又称底肥,即以有机肥料为主,同时加入适量的化肥。基肥施用时期:①露地栽培和设施延迟栽培一般在葡萄根系第二次生长高峰前施入。②设施促早栽培葡萄,对于非耐弱光如巨峰和夏黑无核等,需更新修剪方法才能连年丰产的品种,一般在果实采收且更新修剪后施入基肥,以含氮高的鸡粪和猪粪等为主并加入适量氮肥(如尿素和磷酸二铵等);对于耐弱光(如87-1、京蜜等)、不需更新修剪即能连年丰产的品种一般在果实采收后施入基肥,以牛、羊粪为最好,并加入适量钾肥等。

基肥施用量要根据当地土壤条件、树龄、结果量等情况而定，一般果肥重量比为1:2，即每公顷产量22 500千克需施入优质腐熟有机肥45 000千克。基肥多采用沟施或穴施，以沟施为主，一般每2年施1次（最好1年1次），施肥沟距主干40～50厘米。

　　2. 追肥　追肥又叫补肥，一般在生长期进行，以化肥为主，可促进植株生长和果实发育。通常每生产1 000千克果实，葡萄树全年需要从土壤中吸收6～10千克氮（N，利用率30%左右）、3～5千克磷（P_2O_5，利用率40%左右）、6～12千克钾（K_2O，利用率50%左右）、6～12千克钙（CaO，利用率40%左右）和0.6～1.8千克镁（MgO，利用率40%左右）。葡萄是忌氯作物，切忌施用含氯化肥，否则会造成氯离子中毒。

　　（1）萌芽前追肥　萌芽前追肥主要是为基肥不足做补充，以促进发芽整齐，以及新梢和花序的发育。埋土防寒区在出土上架整畦后15天左右追肥，不埋土防寒区在萌芽前15天左右追肥，追肥后立即灌水。追肥时注意不要碰伤枝蔓，以免引起伤流。对于上一年已经施入足量基肥的园区则不需进行此次追肥。葡萄树萌芽前后吸收的氮约占全年吸收量的14%、吸收的磷占全年吸收量的16%、吸收的钾约占全年吸收量的15%、吸收的钙约占全年吸收量的10%、吸收的镁约占全年吸收量的10%。

　　（2）花前追肥　萌芽、开花、坐果需要消耗大量营养物质，但早春的葡萄根系吸收能力差，主要消耗葡萄树的储藏养分，若此时树体营养水平较低，则氮肥供应不足，会导致大量落花落果，影响树体营养生长，故生产上应注意这次施肥。对落花落果严重的品种（如巨峰系品种），花前一般不宜施入氮肥。若树势旺盛，基肥施入数量充足时，花前追肥可推迟至花后。开花前后即花期吸收的氮约占全年吸收量的14%，吸收的磷约占全年吸收量的16%，吸收的钾约占全年吸收量的11%，吸收的钙约占全年吸收量的14%，吸收的镁约占全年吸收量的12%。

(3)花后追肥 花后幼果和新梢均迅速生长,需要大量的氮素营养,适当地施氮肥可促进新梢正常生长,扩大叶面积,提高光合效能,减少生理落果。如果花前已经追肥,花后不必追肥。

(4)幼果生长期追肥 幼果生长期是葡萄需肥的临界期。及时追肥不仅能促进幼果迅速发育,而且对当年花芽分化、枝叶和根系生长有良好的促进作用,对提高葡萄产量和品质也有重要作用。此次追肥宜氮、磷、钾肥配合施用(如施用硫酸钾复合肥),尤其要重视磷、钾肥的施用。对于长势过旺的树体或品种,此次追肥应注意控制氮肥的施用。幼果生长期吸收的氮约占全年吸收量的38%、吸收的磷约占全年吸收量的40%、吸收的钾约占全年吸收量的50%、吸收的钙约占全年吸收量的46%、吸收的镁约占全年吸收量的43%。

(5)果实生长后期追肥 即果实着色前追肥,主要解决果实发育和花芽分化的矛盾,可显著促进果实糖分积累和枝条正常老熟。对于晚熟品种,此次追肥可与基肥结合进行。果实转色至成熟期不施氮肥和磷肥,吸收的钾约占全年吸收量的9%,吸收的钙占全年吸收量的8%,吸收的镁约占全年吸收量的13%。果实采收后秋施基肥,吸收的氮约占全年吸收量的34%,吸收的磷约占全年吸收量的28%,吸收的钾约占全年吸收量的15%,吸收的钙约占全年吸收量的22%,吸收的镁约占全年吸收量的22%。

(6)硼、锌等微肥的施用 硼肥以花前1周、幼果发育期和果实采收后3个时期喷施为宜,其中秋季喷施或土施效果最佳。锌肥以盛花前2周到坐果期,以及秋季落叶前两个时期喷施或土施为宜。

3. 设施葡萄施肥 设施葡萄对矿质营养的吸收利用率低于露地葡萄,容易出现缺素症状。究其原因:①棚内土壤温度低,根系吸收功能下降,导致根系对氮、磷、钾、钙、镁、硫、铁、锰、铜、锌、钼、硼等矿质元素的吸收效率低。②设施葡萄叶片大而薄、气孔密度低,空气湿度高,蒸腾作用弱,矿质元素的主要运输动力——蒸腾拉力小,导致植株体内矿质元素的运输率低。因此,设施葡萄施肥应坚持"减少土壤施肥、强化叶面喷肥、重视微肥施用"的原则。

4. 根外追肥 根外追肥又称叶面喷肥,是将肥料溶于水中,稀释至一定浓度后直接喷于植株上,通过叶片、嫩梢和幼果等吸收进入植株内,具有经济、省工、肥效快、可迅速缓解缺素症等优点,对提高葡萄产量和品质具有显著效果。但根外追肥不能代替土壤施肥,葡萄施肥应以土壤施肥为主、根外追肥为辅。同时,根外追肥还应注意天气变化。夏天炎热,温度过高,根外追肥宜在上午 10 时前和下午 4 时后进行,否则喷施后水分蒸发过快,影响叶面吸收,甚至发生肥害;雨前也不宜叶面喷施,以免肥料流失。

(三)水分调控

1. 主要灌溉时期 葡萄耐旱性较强,只要降雨充足、均匀,一般不需灌溉。但我国大部分葡萄生长区的降雨量分布并不均匀,降雨多集中在葡萄生长中、后期,其生长前期却干旱少雨。因此,适时灌水对葡萄正常生长十分必要。葡萄植株的需水要求有明显的阶段性特征:植株从萌芽至开花对水分需求量逐渐增加,开花后至果实成熟前是需水最多的时期;幼果第一次迅速膨大期对水分胁迫最为敏感;果实进入成熟期后,对水分需求变少、变缓。

(1)催芽水 北方葡萄在出土上架至萌芽前 10 天左右,结合追肥灌 1 次水,即催芽水。催芽水可促进植株整齐萌芽,有利于新梢早期迅速生长。埋土区在葡萄出土上架后,结合施催芽肥立即灌水。灌水量以土层下 50 厘米被浸湿为宜,浸湿过深会影响地温的回升。埋土浅的区域,常因土壤干燥而引起抽条。因此,在葡萄出土前和早春气温回升后各灌 1 次水,能明显防止抽条。南方葡萄的萌芽期和开花期正是雨水多的季节,不缺水,而且要注意排水。

(2)促花水 又叫催穗水。北方春季干旱少雨,葡萄从萌芽至开花需 44 天左右,期间一般灌 1～2 次水,可促进新梢和叶片的迅速生长,以及花序的进一步分化与增大。花前最后一次灌水,不应迟于始花前 1 周。这次水要灌透,使土壤水分能有保证直到坐果稳定后。北方个别葡萄园会忽视花前灌水,而园内一旦出现较长时间的高温干旱天气,就会导致葡萄花期前后出现严重的落蕾落果现象,尤其是中庸或弱树势的植株受损较重。开花期切忌灌水,以防加剧落花落果。但对易产生大小果且坐果量过大的品种,花期灌水可起疏果和疏小果的作用。

(3)幼果期(坐果后至种子发育末期) 此期应有充足的水分供应,可结合施肥进行灌水。随着果实负载量的不断增加,新梢的营养生长明显变缓变弱。此期应加强肥水,以增强副梢叶量,防止新梢过早停长。其灌水次数视降雨情况而定。进入 7 月份后,降雨增多,此时葡萄处于种子发育后期,要加强灌水,防止高温干旱导致表层根系受伤和早期落叶。沙土区葡萄根群分布极浅,枝叶嫩弱,遇干旱极易引起落叶。试验结果表明,先期水分丰富、后期干燥的葡萄园区落叶最甚,同时植株对其他养分的吸收受阻,尤其是磷的吸收,其次是钾、钙、镁的吸收。土壤田间持水量保持 70％左右,果个及品质最优。过湿区(70％～80％)则影响糖度的增加。

(4)浆果成熟期 在干旱年份,适量灌水对保证产量和品质有好处。但在葡萄浆果成熟前应严格控制灌水:对鲜食葡萄应于采前 15～20 天停止灌水;对酿酒品种应在采前 1 个月严格限制灌水,但新疆等西部产区的酿酒葡萄会因高糖低酸影响葡萄酒的品质,所以为增加果实的酸含量,可在浆果成熟期增加灌水。此期如遇降雨,应及时排水。

(5)采果后 采果后结合施基肥灌水 1 次,以促进营养物质的吸收,有利于根系愈合及新根发生。遇秋旱时应灌水。

(6)封冻水　葡萄埋土后要在土壤封冻前灌 1 次透水,以便葡萄安全越冬。

以上各时期,应根据天气状况和土壤墒情决定是否灌水和灌水量大小。灌水时应浇匀、浇足、浇遍,不得跑水或局部积水,太平顺的地块应打拦水格,保证土壤能浇透。

2. 适宜灌水量　最适宜灌水量指一次灌水能使葡萄根系集中分布范围内的土壤湿度达到最有利于生长发育的状态所需的灌水量。只浸润表层的多次浅灌,既不能满足根系的水分需要,又易引起土壤板结和地温降低。因此,灌水应一次灌透。葡萄不同时期的土壤水分需求如下。

(1)萌芽前后至开花期　葡萄上架后应及时灌水,此期正是葡萄开始生长和花序原基继续分化的时期,及时灌水可促进发芽整齐和新梢健壮生长。土壤湿度宜保持在田间最大持水量的 $65\%\sim75\%$。

(2)坐果期　此期为葡萄的需水临界期。若水分不足,叶片会和幼果争夺水分,常导致幼果脱落,严重时根毛死亡,且地上部生长明显减弱,产量显著下降。土壤湿度宜保持在田间最大持水量的 $60\%\sim70\%$,适度干旱可使授粉受精不良的小葡萄青粒自动脱落,从而减少人工疏粒的作业量。

(3)果实迅速膨大期　此期既是果实迅速膨大期又是花芽大量分化期,及时灌水对果树发育和花芽分化有重要意义。土壤湿度宜保持在田间最大持水量的 70% 左右,以保持新梢梢尖呈直立生长状态为宜。

(4)浆果转色至成熟期　土壤湿度宜保持在田间最大持水量的 $55\%\sim65\%$,此期维持基部叶片颜色略微变浅为宜,待果穗尖部果粒比上部果粒软时需要及时灌水。

(5)采果后和休眠期　采果后结合深耕施肥适当灌水,有利于根系吸收和恢复树势,并能增强后期光合作用。冬季土壤冻结前,必须灌1次透水,冬灌不仅能保证植株安全越冬,还对翌年生长结果十分有利。

3. 节水灌溉技术 葡萄生产可采用沟灌、滴灌、微喷灌、根系分区交替灌溉等节水灌溉技术。

(1)沟灌 顺行向做灌水沟(沟宽一般0.6~1米),通过管道引水浇灌。与漫灌相比,沟灌可节水30%左右。

(2)滴灌 通过特制滴头点滴的方式,将水缓慢地送到作物根部。滴灌从根本上改变了灌溉的概念,从原来的"浇地"变为"浇树、浇根"。滴灌可明显减少蒸发损失,避免地面径流和深层渗漏,具有节水、保墒、防止土壤盐渍化,以及不受地形影响、适应性广等特点。其优点如下。

①节水,提高水利用率 传统的地面灌溉需水量极大,而真正被作物吸收利用的量却不足总供水量的50%,这对我国大部分的缺水地区无疑是巨大浪费,而滴灌的水分利用率却高达90%左右,可节约大量水分。

②降低果园空气湿度,减少病虫发生 采用滴灌后,果园的地面蒸发量大大降低,果园内的空气湿度与地面灌溉园相比会显著下降,减轻了病虫害的发生和蔓延。

③提高劳动生产率 滴灌系统中有施肥装置,肥料可随灌溉水直接送入葡萄植株根部,这样既减少了施肥用工,又节约了肥料,提高了肥效。

④降低生产成本 果园灌溉的自动化,减少了果园灌溉用工,从而使生产成本下降。

⑤适应性强 滴灌不用平整土地,灌水速度可快可慢,不会产生地面径流或深层渗漏,适用于任何地形和土壤类型。如果滴灌与覆盖栽培相结合,效果更佳。

(3)微喷灌 将滴管系统的滴灌带换为微喷灌带即可。微喷灌对水的干净程度要求较低,微喷口不易堵塞。它既可克服滴灌设施造价高、滴灌带容易堵塞的问题,又能节水。但微喷灌带能够均匀灌溉的长度不如滴灌带长。

(4)根系分区交替灌溉 根系分区交替灌溉是指在植物某些生育期或全部生育期交替对部分根区进行正常灌溉,其余根区则受到人为水分胁迫的灌溉方式。该种灌溉方式能刺激根系的吸收补偿功能,调节气孔最适开度,达到以不牺牲光合产物积累、减少蒸腾浪费而高产优质的目的。根系分区交替灌溉可有效控制营养生长,显著降低修剪用工量;与全根区灌溉相比,此法可节水 30%～40%,能显著提高水分和肥料利用率;显著改善果实品质。该灌溉方法与覆盖栽培、滴灌、微喷灌相结合效果更佳。

4. 排水 在雨量大的地区,土壤水分过多会导致葡萄枝蔓徒长,果实成熟延迟,果实品质降低,严重时会造成根系缺氧,甚至引起植株死亡。设计果园时应安排好果园排水系统。排水沟应与道路建设、防风林设计等相结合,一般在主干路的一侧,与园外的总排水干渠相连接,在小区的作业道一侧设排水支渠。如果条件允许,排水沟以暗沟为好,可方便田间作业,但在雨季应及时打开排水口,及时排水。

（四）无土栽培

无土栽培是指不用土壤而用基质(珍珠岩、蛭石、草炭等)固定植株,以营养液灌溉提供作物养分需求的栽培方法(彩图3-4)。无土栽培可人工创造良好的根际环境以取代土壤环境,能有效防止因土壤连作病害及土壤盐分积累造成的植株生理障碍,可实现非耕地(戈壁、沙漠、盐碱地等)的高效利用。无土栽培可根据作物各生育阶段对各矿质养分的不同需求更换营养液配方,充分供给营养以满足作物对矿质元素、水分、气体等环境条件的需要。此外,无土栽培用的基本材料还可循环利用。因此,无土栽培具有节水、省肥、环保、高效、优质等特点。

六、花果管理

（一）葡萄花穗、果穗整形与合理负载

1. 花穗整形
（1）无核栽培模式

①花穗整形时期　开花前 1 周到花初开为最适宜时期。

②花穗整形方法　巨峰系品种，如巨峰、藤稔、夏黑、先锋、翠峰、巨玫瑰、醉金香、信浓笑、红富士等，南方地区一般留穗尖 3～3.5 厘米，8～10 段小穗，50～55 个花蕾，400～500 克穗；北方地区一般留穗尖 4.5～6 厘米，12～18 段小穗，60～100 个花蕾，500～700 克穗。二倍体品种，如魏可、红高、白罗沙里奥等，南方地区一般留穗尖 4～5 厘米，北方地区一般留穗尖 5.5～6.5 厘米。幼树、坐果不稳定的可适当轻剪穗尖（去除花蕾 5 个左右）。

（2）有核栽培模式

①巨峰系品种　花穗整形的时期：一般小穗分离，小穗间可以放入手指时，大概时间为开花前 1～2 周到花盛开。花穗整形不宜过早，否则不易区分保留部分；过迟则影响坐果。在栽培面积较大的情况下，可先去除副穗和上部部分小穗，到时保留所需的花穗。花穗整形的方法：副穗及以下 8～10 小穗去除，保留 15～20 小穗，去穗尖；花穗很大（花芽分化良好）时保留下部 15～20 小穗，不去穗尖（彩图 3-5）。开花前穗长 5～6.5 厘米为宜，果实成熟时果穗呈圆球形（或圆筒形），重 400～700 克（彩图 3-6）。

②二倍体品种　花穗整形的时期：花穗上部小穗和副穗花蕾有花开放到花盛开这段时间，对于坐果率高的品种可于花后整穗。花穗整形的方法：为了增大果实而使用 GA_3 处理的，可利用花穗下部 16～18 段小穗（开花时 6～7 厘米长），穗尖基本不去

除;常规栽培不用 GA₃ 的,花穗留先端 18～20 段小穗,8～10 厘米长,穗尖去除 1 厘米。

2. 合理负载　根据树体的负载能力和目标产量决定。树体的负载能力与树龄、树势、地力、施肥量等有关;如果树体的负载能力较强,可以适当多留一些果穗;而对于弱树、幼树、老树等负载能力较弱的树体,应少留果穗。树体的目标产量则与品种特性和当地的综合生产水平有关,如果品种的丰产性能好,当地的栽培技术水平也较高,则可以适当地多留果穗;反之,则应少留果穗。通常花前除花序的程度可以是预留目标产量的 2～3 倍。花后除果穗可以是 1.5～2 倍,最后达到 1.2 倍左右。目标产量一般露地栽培以 1 000～1 500 千克/667 米² 为宜,设施栽培以 1 500～2 000 千克/667 米² 为宜。

(1)疏　穗

①疏穗时期　疏穗一般在坐果后越早进行越好,如此才能尽可能地减少养分浪费,以便集中养分供应果粒的生长。但是每一果穗的着生部位、新梢的生长情况、树势、环境条件等都对疏穗时期有所影响。在花后一般要进行 1～2 次疏穗,对于生长势较强的树种来说,花前的疏穗可以适当轻一些,花后的疏穗程度可以适当重一些。对于生长势较弱的品种,花前的疏穗可以适当重一些。

②疏穗方法　可根据新梢的叶片数来决定果穗的留取,一般负载 1 个果穗需 25～40 片叶。一般情况下可以将着粒过稀或过密的果穗首先除去,选留一些着粒适中的果穗。露地栽培和设施延迟栽培中,疏穗一般是疏去基部的果穗,留新梢前端的果穗;而设施促早栽培中,疏穗一般是疏去新梢前端的果穗,留基部的果穗。

(2)疏　粒

①疏粒时期　通常与疏穗一起进行,如果劳动力充足,也可以分开进行。对大多数品种来说,疏粒在结实稳定后越早进行越好,增大果粒的效果也越明显。但对于树势过强且落花落果严重

的品种,疏果时期可适当推后;对有种子的果实来说,因种子的存在对果粒大小影响较大,所以最好等落花后能区分出果粒是否有种子时再进行为宜,如巨峰、藤稔即要求在盛花后 15～25 天完成此项作业。

②疏粒方法　果粒大小除了受到本身品种特性的影响外,还受到开花前后子房细胞分裂和果实细胞膨大的影响。要使每一品种的果粒大小特性得到充分发挥,必须确保每一果粒中的营养供应充足,也就是果穗周围的叶片数要充分。另外,果粒与果粒之间要留有适当的发展空间,这就要求栽培者必须根据品种特性进行适当摘粒。每一穗的果穗重、果粒数以及平均果粒重都有一定的要求。如果巨峰葡萄每个果粒重要求在 12 克左右,而每一穗果实重 300～350 克,那么每一穗的果粒数就要求在 25～30 粒。我国目前还没有针对不同品种制定出适合市场需求的果穗重、果粒大小等具体指标。种植户除了研究不同品种最适宜的果穗、果粒大小,使品种特性得以尽可能地发挥,还要考虑果穗形状以提高其贮运性。

不同品种的疏粒方法各不相同,目前主要分为除去小穗梗和除去果粒两种方法。对于过密的果穗,要适当除去部分支梗,以保证果粒增长的适当空间;对于每一支梗中所选留的果粒数也不可过多,通常果穗上部适当多一些,下部少一些。虽然每一个品种都有其适宜的疏粒方法,但只要掌握了留支梗的数目和疏粒后的穗轴长短,一般不会出现太大问题。

（二）果实套袋技术

1. 选择纸袋　葡萄专用袋的纸张应具有较大的强度,耐风吹雨淋、不易破碎,具有较好的透气性和透光性,可免袋内温、湿度过高。不要使用未经国家注册的纸袋。纸袋规格,巨峰系品种及中穗形品种一般选用 22 厘米×33 厘米和 25 厘米×35 厘米规格的果袋,而红地球等大穗品种一般选用28厘米×36厘米规格的果袋。

(1)根据品种选择果袋 巨峰、红地球等红色或紫色品种一般选择白色果袋,若促进果实成熟及钙元素的吸收,可选用蓝色或紫色果袋。意大利、醉金香等绿色或黄色品种一般选择红色、橙色或黄色等深色果袋。

(2)根据生态条件选择果袋 昼夜温差过大和土壤黏重地区,红地球等品种存在着色过深问题,可选择红色、橙色或黄色等深色果袋。气温过高、容易发生日灼的地区可选用绿色果袋。

(3)根据栽培模式选择果袋 设施延迟栽培中,可选择绿色或黑色等深色果袋达到延长果实生育期、延迟果实成熟的目的。

2. 套 袋

(1)套袋时间 一般在葡萄开花后20～30天,即生理落果后果实如玉米粒大小时进行,在辽宁西部地区红地球葡萄一般在6月下旬至7月上旬进行套袋;若为了促进果粒对钙元素的吸收,提高果实耐贮运性,可将套袋时间延迟到种子发育期至果实刚刚开始着色或软化前进行,但多雨地区需注意加强病害防治。同时,套袋要避开雨后高温天气或阴雨连绵后突然放晴的天气,若遇持续高温,一般要经过2～3天,待果实稍微适应高温环境后再套袋。

(2)套袋方法 套袋前,果园应全面喷施1遍杀菌剂,重点喷布果穗,蘸穗效果更佳,待药液晾干后再行套袋。先将袋口端6～7厘米处浸入水中,使其湿润柔软,以便收缩袋口。套袋时,先用手将纸袋撑开,使纸袋鼓起,然后由下往上将整个果穗全部套入袋中央;再将袋口收缩到果梗的一侧(禁止在果梗上绑扎纸袋);穗梗处用一侧的封口丝扎紧。在镀锌钢丝以上一定要留有1～1.5厘米的纸袋,套袋时严禁用手揉搓果穗。套袋后进行田间管理时要注意尽量不碰到果穗部位。

3. 摘袋 摘袋时间应根据品种及地区确定,对于无色品种及果实容易着色的品种(如巨峰等)可以采收前不摘袋,而是在采收时摘袋。但这样果实的成熟期有所延迟,如巨峰品种的成熟期会延迟 10 天左右。红色品种(如红地球)一般在果实采收前 15 天左右进行摘袋,而果实着色至成熟期昼夜温差较大的地区,可适当延迟摘袋时间或不摘袋,以防果实着色过度,呈紫红或紫黑色而降低商品价值;在昼夜温差较小的地区,可适当提前摘袋,以防摘袋过晚果实着色不良。摘袋时宜先将袋底打开,经过 5～7 天锻炼,再将袋全部摘除较好。去袋时间宜在晴天的上午 10 时前或下午 4 时后进行,阴天可全天进行。

(三)植物生长调节剂的安全使用

1. 赤霉素的使用 一定要先进行小面积试验,取得经验后再大面积使用。

(1)使用条件和方法

①穗轴拉长 浓度一般为 5～7 毫克/升,在展叶 5～7 片时浸蘸花穗即可。

②诱导无核 一般用 12.5～25 毫克/升,大多数品种在初花期到盛花后 3 天内处理有效。无核处理时,若在赤霉素溶液中添加 200 毫克/升链霉素,则可提前或推后到花前至花后 1 周左右,处理时间适宜无核率更高。

③保果 一般在落花时进行,用 12.5～25 毫克/升水溶液浸渍或喷布果穗,可容易得到无核果。若只保果,可单用或添加 3～5 毫克/升氯吡脲,保果效果更好。

④促进果粒膨大 一般在盛花后 10～14 天进行,用 25～50 毫克/升水溶液浸渍或喷布果穗即可。此时添加 5～10 毫克/升氯吡脲,果实膨大效果更好。

(2)注意事项

第一,不同的葡萄品种对 GA_3 的敏感性不同,使用前要仔细核对品种的适用浓度、剂量和物候期,并咨询有关专家和机构。

第二,对没用 GA$_3$ 处理过的葡萄品种可参照相近品种类型(欧亚种、美洲种、欧美杂交种)进行处理,但使用前要咨询有关专家或专业机构。

第三,树势过弱或母枝不太成熟的树,GA$_3$ 的使用效果差,应避免使用。树势稍强的树使用效果好,但树势过于强旺时,反而使用效果变差,要加强葡萄树的管理,保持健壮、中庸偏强的树势。

第四,GA$_3$ 作保果用途时,也会促进果粒膨大。着果过密会诱发裂果、果粒硬化、落粒,因此需在 GA$_3$ 处理前整穗,坐果后疏粒。

第五,若是 GA$_3$ 的使用浓度被搞错,则会导致落花或过度着粒、混入有核果等问题,要严格按照使用浓度和使用时期(物候期)进行使用。

第六,使用 GA$_3$ 诱导无核结实时,要注意药液均匀喷布花蕾整体。

第七,使用 GA$_3$ 促进果粒膨大时,要避免过度施药,果粒浸渍药液后要轻轻晃动葡萄枝梢及棚架上的铁丝,晃落多余的药液。

第八,使用 GA$_3$ 对美洲种葡萄品种诱导无核结实和促进果粒膨大时,第二次须用 100 毫克/升 GA$_3$ 水溶液浸渍处理。若第二次用喷布处理,则 GA$_3$ 浓度为 75~100 毫克/升,但喷布处理的膨大效果略差,除非在健壮的树上进行。注意药液的均匀喷布。

第九,GA$_3$ 和链霉素混用可提高果实无核化率,但须严守链霉素使用时的注意事项。

第十,使用 GA$_3$ 诱导玫瑰露等品种无核结实时,需添加氯吡脲混用,要在花前 14 天左右处理,否则容易引起落花落果。

第十一,使用 GA$_3$ 对巨峰系四倍体葡萄果穗拉长时,须只喷花穗,并以喷湿全体花穗为宜。此时,若大量药液湿润枝叶,则翌年新梢发育不良,忌用喷施叶梢的动力喷雾机等大型喷药机械。

第十二,巨峰和浪漫宝石的有核栽培中,使用 GA$_3$ 促进果粒膨大时要在确认坐果后再进行,过早处理会产生无核果粒。

第十三,GA$_3$药液要当天配当天用,并于避光阴凉处存放;不能与波尔多液等碱性溶液混合使用。

2. 氯吡脲的使用 一定要先行小面积试验,取得经验后再大面积使用。

(1)使用方法 氯吡脲在葡萄上主要用于保果和促进果粒膨大。一般保果浓度为 3～5 毫克/升水溶液,可于盛花期至落花期浸渍或喷布花、果穗进行保果。氯吡脲促进果粒膨大的时期,一般在盛花后 10～14 天,用 5～10 毫克/升氯吡脲水溶液浸渍或喷布果穗即可。

(2)注意事项

第一,溶液当天配制,当天使用,过期效果会降低。

第二,降雨会降低氯吡脲的使用效果,因此雨天禁用;持续异常高温、多雨、干燥等气候条件也禁用此药。

第三,注意品种特性。不同品种对氯吡脲的敏感度不同,应正确使用该药;尚未使用过此药的品种,可参照同品种类型(欧亚种、美洲种、欧美杂交种)使用,初次使用时请咨询有关机构,或进行小规模试验后再使用。

第四,喷施氯吡脲后诱发果实着粒过多,促使果实裂果、上色迟缓、果粒着色不良、糖分积累不足、果梗硬化、脱粒等副作用,因此使用时要进行开花前的疏穗、坐果后的疏粒及负载量的调整等。

第五,若氯吡脲的使用时期和使用浓度出错,则有可能导致有核果粒增加、果面障害(果点木栓化)、上色迟缓、色调暗等现象,因此要严格遵守该药的使用时期、使用浓度。

第六,使用时要避开降雨和异常干燥(干热风)的天气。

第七,若使用氯吡脲后天气骤变(降雨、异常干燥等),则会影响药液的吸收,在使用氯吡脲农药的总次数范围内,可再行补充处理,处理前应先咨询有关部门或专家再进行。

第八,树势强健的使用氯吡脲,可以取得稳定的效果;若树势弱的使用,则效果差,应避免使用。

第九,避免氯吡脲和 GA_3 以外的药剂混用,即使与 GA_3 混用,也应留意 GA_3 的使用事项,做到正确混配。

（四）果实发育期的调控

1. 温度调控　温度是决定果树物候期进程的重要因素,温度高低不仅关系到葡萄开花的早晚,而且会直接影响果实的生长发育。在一定范围内,果实的生长和成熟与温度呈正相关,温度越高,果实生长越快,成熟也越早。

（1）促进果实成熟　在果实发育至果实成熟期,适当提高气温尤其是夜间气温,对于促进果实成熟效果明显,一般果实可提前 10～15 天成熟。

（2）推迟果实成熟　早春灌水或园地覆草可降低土壤温度,延缓根系生长,使开花延迟 5～8 天。早春园地喷水或枝干涂白可降低树体温度和芽温,从而延缓果树开花。将盆栽果树置于冷凉处或树体被覆盖遮阴,也能达到延迟开花的目的。温室定植果树在早春覆盖草苫遮阴,添加冰块或开启制冷设备降温,均可显著延缓果树花期。

2. 光照调控　光照与果实的生长发育和成熟密切相关,改变光照强度和光质可显著影响果实的生长发育和成熟。

（1）促进果实成熟　通过人工补光等措施增加光照强度,可促进葡萄果实发育,促其早熟。大棚覆盖紫外线透过率高的棚膜或棚内利用紫外线灯补充紫外线,均可有效抑制设施葡萄的营养生长,促进其生殖生长,促进果实着色和成熟,改善果实品质。须注意的是,开启紫外线灯补充紫外线时,操作人员不能入内。

（2）推迟果实成熟　遮光可降低光照强度,抑制葡萄果实发育,延迟其成熟期。覆盖能反射紫外线的塑料薄膜改变光质,可延迟葡萄收获期。做法：发芽期开始时，大棚覆盖能反射紫外线的塑料薄膜，在采收前 2 个月再改用普通塑料薄膜覆盖。在利用能反射紫外线的塑料薄膜阶段，葡萄新梢生长发育旺盛，能够始终保持叶色浓绿，并且延迟果实着色和成熟，而更换普通塑料薄膜后，果实着色速度很快。因此，通过变换盖膜日期，可以调节葡萄着色和成熟时间，延长葡萄采收期。用红色无纺布进行的覆盖栽培，可促进果实膨大，延迟果实采收，并有效保持叶片的绿色，维持其光合作用。

3. 生长调节剂调控

(1)促进果实成熟 葡萄属非呼吸跃变型果实，脱落酸（ABA）是葡萄成熟的主导因子。喷施适宜浓度的 ABA 可有效促进设施葡萄的果实成熟，一般可使葡萄果实成熟期提前 10～15 天。

(2)推迟果实成熟 Tokay 葡萄坐果后 6 周，果实进入慢速生长期，施用生长素类物质 50 毫克/升 BTOA(Benzothiazole-2-oxyacetic acid)，可使浆果延迟 15 天成熟。Moscatual 葡萄盛花后 10 天施用氯吡脲，可延迟浆果成熟期。

4. 其他调控措施

(1)促进果实成熟 合理负载、重视施用钾肥、强化叶面喷肥等措施都会促进果实成熟。环割、环剥或绞缢等修剪措施也可有效促进果实发育和成熟。利用生长势弱的砧木可促进接穗品种的果实成熟。

(2)推迟果实成熟 适当过载、水分氮肥偏多、营养生长过旺等都会延迟果实成熟期。利用生长势旺的砧木可延迟接穗品种成熟。秋季早霜来临前覆盖棚膜进行葡萄挂树活体贮藏，可显著延缓葡萄果实收获期，一般可延缓 50～90 天。利用逼发冬芽副梢或夏芽副梢、喷施叶片衰老延缓剂等措施可有效延缓叶片衰老，推迟叶片脱落期，维持其良好的光合作用，以上措施对于保持果实品质、延迟果实采收效果显著。

第四章
葡萄病虫害防控

一、防控措施

（一）绿色防控

1. 概念　　绿色防控是发展现代农业,建设资源节约型、环境友好型农业,促进农业生产安全、农产品质量安全、农业生态安全和农业贸易安全的有效途径。绿色防控以促进农作物安全生产、减少化学农药使用量为目标,采取生态控制、生物防治、物理防治等环境友好型措施来控制有害生物。绿色防控技术是病虫害防控技术的重要组成部分,是在尽可能多地使用绿色防控技术的同时,提倡科学使用化学农药,也是绿色防控和化学防控有机结合的综合防控技术。

2. 绿色防控

(1)生态调控

①避雨栽培　　避雨栽培是指人为改变葡萄生长的生态条件,其特点如下:一是葡萄不受雨淋,可减少或避免与雨水有关的病虫害发生;二是叶幕局部气温略高,有利开花坐果;三是局部干旱,有利于浆果品质控制,有利于避免与水分有关的生理性病害,

如裂果等;四是植株光照条件弱化,需调整与光照有关的生理、生化、生长、繁殖等技术,以满足葡萄的正常需光要求;五是田间湿度略有增加。

避雨栽培可使多种重要病害得到控制,其特点主要如下:一是总体上减少了病害发生的概率和风险,但增加了虫害发生概率和风险;二是霜霉病、炭疽病、黑痘病等基本得到控制或不发生,白腐病减轻,白粉病加重成为主要病害,红蜘蛛类、绿盲蝽、蓟马类、介壳虫类等虫害加重;三是灰霉病有加重的风险,腐霉、曲霉等腐生性病害发生和危害的风险加大;四是酸腐病、穗轴褐枯病等病害变化不大。

②行间生草　葡萄园行间生草不仅会影响土壤微生物、土壤养分供应和葡萄品质,也会对葡萄病虫害的发生产生影响。行间生草能增加葡萄园的生物多样性,从而对葡萄病虫害防控产生积极影响。行间生草可增加土壤覆盖率,对霜霉病、白腐病等与土壤有关的病害,生草能干扰其循环侵染。同时,覆盖物还能为昆虫提供庇护场所,有利于天敌的生存和生物多样性的增加,因而生草有利于害虫防治。

葡萄园其他植物与葡萄的关系很复杂,包括病虫害交叉、化学生态关系、营养关系、空间关系等,所以葡萄园行间种草需要有前期研究和经验积累的支持,证实某草种能在葡萄园种植后,才能使用。

③复合农业　复合农业在葡萄生产实践中多有应用。在南方地区,可利用葡萄休眠期种植一季菜花或圆白菜,可在葡萄园架下种植蘑菇、草莓,或在葡萄园间作小麦。此外,还可在葡萄园养殖鸡、鹅、鸭、羊等。复合农业也会对葡萄病虫害发生产生影响,进而影响到葡萄病虫害的防控。例如,葡萄园养鸡,对在土壤或根际越冬、活动的黏虫、斜纹夜蛾、葡萄虎蛾、粉蚧等害虫有很好的防控效果;葡萄园养羊,羊会取食枯枝落叶,并在葡萄树上蹭

痒，能起到清园作用，从而减少树皮下越冬的粉蚧、叶蝉等病虫害的发生概率和发病程度。

复合农业与行间种草的原理类似，也需要有前期研究和经验积累的支持，才能使用。

（2）物理防治

①套袋栽培　果实套袋阻断了病虫到葡萄果穗、果实的传播渠道，能有效防止或减少黑痘病、炭疽病、白腐病、灰霉病、金龟子等病虫害在葡萄果实上的发生与危害。套袋还可改善果面光洁度，对鸟害和冰雹有防护作用。如果在套袋葡萄的外面再套一个尼龙网袋，还能防治鸟害和吸果夜蛾的危害。

②清除受害组织　摘除葡萄病虫害危害的组织对于有些病虫害的防治非常有效，如剪除虎天牛或透翅蛾危害的枝条，摘除毛毡病病叶，去除酸腐病病果粒或病穗，捕杀葡萄车天蛾幼虫，清除斑衣蜡蝉卵块等。注意：应将剪除的病虫枝、病果、病叶等进行集中销毁或深埋处理。

③高温处理　针对病虫害对温度的适应性，通过高温处理，可减少病虫害种群数量。例如，通过 52℃～54℃温水浸泡葡萄苗木 5 分钟，对苗木进行消毒；在根瘤蚜疫区，将车辆、工具等放入隔离区域，经历一段时间的高温，可杀死根瘤蚜，阻止疫情传播。

④趋光（化）性利用　根据金龟子等害虫的趋光性或对某种光的敏感性，采用适当的方法对其进行诱集和灭杀。用糖醋液诱杀醋蝇和金龟子。利用绿盲蝽对气味物质的趋性进行诱杀。

⑤架设防鸟（雹）网　在葡萄园架设防鸟网以防鸟类进入危害。先在葡萄架面上 0.75～1 米处增设由 8～10 号铁丝纵横成网的网架，在网架上铺设专用尼龙防鸟网，网架周边的防鸟网要垂至地面并将其用土压实。鉴于鸟类多对暗色有分辨障碍，因此应尽量采用白色网，不宜采用黑色或绿色网。在雹灾频发地区，应在葡萄架上面架设防雹网。

（3）生物防治

①拮抗微生物的利用　拮抗微生物是指分泌抗生素的微生物，主要是放线菌，其次是真菌和细菌。利用拮抗微生物可防治某些葡萄病害。例如，用哈氏木霉（*Trichoclerma harzianum*）孢子悬浮液防治灰霉病，用武夷菌素防治葡萄上的真菌病害，用芽孢杆菌防治灰霉病、白粉病等。

②寄生性和捕食性天敌的利用　利用农田或果园生态系中的天敌，或人工释放天敌，可防治某些葡萄病虫害（主要是虫害）。例如，用金小蜂、赤眼蜂等寄生性天敌防治葡萄害虫，释放捕食性蓟马防治葡萄蚜虫、蓟马等危害，葡萄园养鸡防治害虫，葡萄园养鹅除草。

③昆虫激素的利用　利用性外激素可诱杀害虫或干扰其交配。利用蜕皮激素、保幼激素能干扰害虫（主要是鳞翅目害虫）的蜕皮过程。例如，用仿生制剂灭幼脲 1 号和灭幼脲 3 号可防治葡萄虎蛾、星毛虫、斜纹夜蛾等鳞翅目害虫。

（二）化学防治

化学防治即农药防治。农药使用不科学会带来诸多风险：一是会使环境（土壤、水源、空气）和农副产品受到污染，危及人和动物健康；二是会导致病虫不同程度地产生抗性；三是会对天敌如瓢虫、蜘蛛、草蛉等，或环境中性生物如蜜蜂、鸟、蚯蚓、鱼类等许多非靶标生物造成伤害；四是会造成人、畜中毒和农副产品农药残留超标；五是导致农作物发生药害。

1. 农药选择　农药种类很多，性能各不相同，其防治对象、范围、持效期和作用方式都有很大差异。因此，应根据需要防治的葡萄病虫害种类，有针对性地选择适合的农药品种和剂型。例如，防治刺吸式口器害虫应选用吡虫啉等内吸性杀虫剂，而不是胃毒剂；葡萄霜霉病由真菌寄生引起，其防治应选用烯酰吗啉、波尔多液等农药,而不是三唑类农药;葡萄毛毡病由葡萄瘿螨引起,其防治应选用杀螨剂,而不是杀菌剂。须注意的是:所选用的农药应是已在葡萄种植上登记的农药;严禁使用剧毒、高毒、高残留农药;优先选用高效、低毒、低残留农药。防治害虫时,应尽量不选用广谱农药,以免杀灭天敌和非靶标生物而破坏生态平衡。对于外销葡萄,应按照销售目的地市场的要求进行生产,不能使用销售地禁用的农药。

2. 适时用药 病害都有由轻到重的发展过程,其防治应在发病初期施药。许多果农使用杀菌剂时存在错误做法,即在病害发生后,甚至病害比较严重时仍用保护性杀菌剂,这样即使连续多次施药,收效依然甚微。病害防治时,杀菌剂的种类和喷药时间是影响防治效果的最关键因素。广谱保护剂适宜在病害发生前使用,以便植株的茎、叶、果表面建立起保护膜,防止病菌侵入。而在病害发生后,病菌已侵入植株体内时,应改用内吸性杀菌剂,或内吸性和保护性杀菌剂配合或混合使用,以使其有效成分迅速内吸到病菌体内,杀死或抑制病菌,减轻病害。虫害防治一般在卵期、孵化盛期或低龄幼虫时施药。防治虫害应抓住其发生初期,做到"治早、治小、治了"。

葡萄病虫害药剂防治的关键是寻找用药最佳时期。为此,应掌握病虫害在本地区的发生规律,建立病虫害预测预警系统。关键期的病虫害防治会事半功倍,不仅效果好,而且农药用量大减。例如,防治炭疽病的关键期在落花前后和初夏,防治霜霉病的关键期在雨季,而防治白腐病的关键期则是分生孢子大量发生传播时。关键期防治病虫害还能充分发挥农药的潜能。例如,雨季是很多病害的暴发流行期,发病前使用50%福美双溶液,能充分发挥其广谱性和高效性。

3. 准确施药 所谓准确施药,就是选择合适的施药方法,适量地将农药施用到合适的地点或位置。准确施药需注意以下3

点：一是严格控制施药浓度和次数，按照农药标签上的使用说明，根据用药时期和气候条件，确定适宜的用药量和施药次数。加大用药量，增多喷药次数，不仅浪费农药，而且会增加农药对葡萄和环境的污染风险。二是均匀周到。既要避免药液喷洒过多，造成不必要的浪费，又要避免喷洒不匀、分布不均而无法达到防治效果。三是农药施用器具与施药方法相适应。例如，采用喷雾施药法时，为保证喷雾质量，应尽量选用低容量或超低量喷雾器，以使药液喷布均匀、周到。

4. 合理混用 农药合理混用可提高防治效果，扩大防治对象，延缓病虫抗性，延长农药品种使用年限，降低防治成本。农药混用技术性要求非常强，不能随意混合使用。如果使用，应做到以下 5 点：一是严格按照农药使用说明书；二是农药品种类型一般不超过 3 种；三是先做混用试验，确定无异常现象和药害后，才在田间应用；四是执行正确的混用方法；五是现配现用。许多农药产品已经是混配制剂，比如甲霜灵·锰锌，对此类药品，一般不主张再混用。农药混用是根据病虫防治的需要，将两种以上农药现混现用，如杀虫剂添加增效剂、杀菌剂加杀虫剂、保护性杀菌剂与内吸性杀菌剂混用。

5. 交替使用 农药交替使用主要出于两个方面的考虑：一是阻止或减缓病虫抗药性的产生；二是减少某一种化学农药的残留。须注意的是，彼此有交互抗性的农药不能交替使用。例如，甲霜灵与噁霜灵之间、乙霉威与异菌脲之间均有交互抗性，也就是使用甲霜灵后不能再使用噁霜灵，使用乙霉威后不能再使用异菌脲。

6. 安全防护 为确保人、畜安全，避免中毒，施药应注意安全防护：①不使用滴漏的施药器械；②穿戴防护用品，避免农药与皮肤和口鼻接触；③施药时不吸烟、喝水、进食；④一次施药时间不宜过长，每天施药时间不超过 6 小时；⑤下雨前、雨天、风力较大和高温（≥30℃）天不宜施药；⑥施用农药的果园,24 小时后才能入园开展农事活动；⑦施用农药的葡萄,特别是即将成熟的葡萄,要设立明显的警示牌；⑧人和衣服接触农药后要及时用肥皂清洗,施药器具清洗时应避开人、畜饮用水源；⑨接触农药者一旦发现有头痛、头昏、恶心、呕吐等中毒症状,应立即送医院抢救治疗；⑩农药应封闭贮存于背光、阴凉、干燥处,避免与碱性物质混放,远离食品、饮用水、饮料、饲料等；⑪孕妇、哺乳期妇女和体弱有病者不宜施药；⑫农药用完后,其包装应收集起来妥善处理,不能随意丢弃。

二、病害防治

（一）葡萄霜霉病

1. 田间诊断 葡萄霜霉病可侵染葡萄的任何绿色组织,尤其是幼嫩组织,包括叶片、花序、幼果和新梢,主要危害叶片。嫩叶染病初期表现为淡绿色或浅黄色不规则斑点,随后病斑快速发展,病菌侵入 3～5 天叶片上出现明显近似圆形或多角形黄色病斑,病斑边缘不明显（彩图 4-1）；病菌侵染 4～12 天,被侵染的部位逐渐变褐、枯死；严重时,数个病斑连在一起,病斑部位的叶背面覆有白色霉层（彩图 4-2）,即葡萄霜霉菌的孢子囊和孢囊梗；被严重侵染的叶片向背面卷曲,有时会造成叶片脱落。夏末或秋初葡萄霜霉菌侵染老叶,多在叶正面产生黄色至红褐色的细小角形病斑,在受损叶片背面沿叶脉产生孢子囊和孢囊梗。

葡萄花序、嫩枝、幼嫩叶柄、卷须和果梗被病菌侵染后,最初出现颜色深浅不一的淡黄色水渍状斑点,后期变褐并扭曲、畸形、卷曲。在潮湿环境中,病斑表面覆盖大量白色霉层,即霜霉病菌的孢子囊和孢囊梗。被严重侵染的部位逐渐变褐、枯萎,最后死亡。

幼果从果皮的皮孔感病,初期病斑颜色浅,之后逐渐加深,由浅褐色变为紫色。被侵染的幼果皱缩干枯,容易脱落,天气潮湿时,病果上会出现白色霉层(彩图4-3)。随着果粒变大,病菌侵染概率降低,侵染后病原菌发育缓慢,果粒表面形成凹形,逐渐变紫、僵硬、皱缩,极易脱落。

2. 发病规律 葡萄霜霉病病原菌为 *Plasmopara vitical*,为专性寄生真菌,主要以卵孢子的形式存于病组织中或随病残体于土壤中越冬,在气候温暖地区,也能以菌丝形态在芽鳞或未脱落的叶片内越冬。翌年春季条件适宜时,卵孢子在水中或潮湿土壤中萌发,形成孢子囊,孢子囊借助雨水和风传播到健康的葡萄幼嫩组织上,随后萌发,并释放出游动孢子,孢子通过气孔和皮孔进入寄主组织,引起初次侵染。中低温、少风、多雨、多雾或多露条件最适合该病发生和流行。葡萄生长的前期,尤其是开花前后,若遇雨水多,则不仅会造成花序和小幼果染病,而且会为后期该病的流行积累大量病原。不同葡萄品种对该病的抗性差异明显,高感品种有红地球、金手指、无核白、火焰无核、里扎马特等;中感品种有白香蕉、玫瑰香、甲斐路等;中抗品种有巨峰、先锋、希来特、玫瑰露、高尾、梅鹿辄、黑比诺、红富士、黑奥林等;高抗品种有北醇、康拜尔等。

3. 防治关键 不在葡萄上积水是控制该病的关键。避雨栽培可基本控制该病的发生与危害,但此法要注意秋季结露期和秋季避雨棚揭膜后该病的防治。葡萄上存在水分时,及时进行药剂防治是防治该病的另一个关键。对于露地栽培的葡萄,则应在雨季来临前采取预防性措施,规范雨季用药。

4. 防治方法

(1)栽培管理 ①合理修剪、避免郁闭。夏季及时摘心、抹梢、绑蔓,疏除近地面枝条,清除病残叶,改善架面通风透光条件。②根据葡萄品种、树龄、树势、施肥水平等条件,采取疏花疏果等措施,控制结果量,一般每 667 米² 产量控制在 2 000 千克左右。
③及时清理霜霉病病组织。秋、冬季彻底清扫果园内的枯枝落
叶,清除树上病枝、病叶,集中处理,有效减少病害初侵染来源。

(2)药剂防治 常用保护性杀菌剂主要包括:代森锰锌(80%
可湿性粉剂 800 倍液、30%悬浮剂 600 倍液、75%水分散粒剂
800 倍液等),或福美双(80%福美双可湿性粉剂 800 倍液、50%
福美双•嘧酯可湿性粉剂 1 500 倍液等),或 25%嘧菌酯悬浮剂
1 500～2 000 倍液,或 25%吡唑醚菌酯乳油 1 000 倍液等。此外,
还有波尔多液、氢氧化铜、氧氯化铜、代森锌、代森铁、丙森锌等。

常用内吸性杀菌剂主要包括:50%烯酰吗啉可湿性粉剂 2 000～
3 000 倍液(发病严重时用 2 000 倍液)、4 000 倍液与保护剂混合施
用,连续阴雨天的雨水间歇期,1 000～1 500 倍液带雨水或露水喷
雾,或 25%精甲霜灵可湿性粉剂 2 500 倍液(严重时用 2 000 倍
液)与保护性杀菌剂混合施用,或 90%、80%、85%三乙膦酸铝可
湿性粉剂 600～800 倍液,或 40%金乙霜可湿性粉剂 1 500 倍液,
或 58%甲霜•锰锌可湿性粉剂 400～600 倍液,或 72.2%霜霉威
水剂 600 倍液,或 60%锰锌•氟吗啉可湿性粉剂 600 倍液,或 69%
烯酰•锰锌可湿性粉剂 600 倍液,或 66.8%丙森•缬霉威可湿性粉
剂 700～800 倍液等。

(二)葡萄灰霉病

1. 田间诊断 葡萄灰霉病主要危害花穗和果实,有时也危害
枝条(彩图 4-4)、叶片、新梢、穗轴和果梗。花穗受害,多在开花前发
生,受害初期,花序似被热水烫过,呈暗褐色,组织软腐(彩图 4-5)。
在湿度较大的条件下,受害花序和幼果表面密生灰色霉层(病原
菌的菌丝和子实体);在干燥条件下,受害花序萎蔫干枯,幼果极
易脱落(彩图 4-6)。果梗和穗轴受害后,初期病斑小,呈褐色,并
逐渐扩展,后变为黑褐色,受害处环绕一周时,会引起果穗和果粒

干枯脱落,有时病斑上会产生黑色块状的菌核。果实被侵染后,前期为潜伏侵染,不易表现症状。果实受害后多从转色期开始表现症状,初为直径 2～3 毫米的圆形稍凹陷病斑,很快扩展至全果,造成果粒腐烂,并迅速蔓延,引起全穗腐烂,表面布满鼠灰色霉层,并可形成黑色菌核(彩图 5-1 至 5-3)。叶片受害,多从叶片边缘和受伤的部位开始,湿度大时,病斑迅速扩展,形成轮纹状不规则大斑,其上生有鼠灰色的霉层;天气干燥时,病组织干枯,易破裂。

2. 发病规律　葡萄灰霉病病菌无性世代为 *Botrytis cinerea*(灰葡萄孢霉),有性态为 *Botryotinia fuckeliana*(富氏葡萄孢盘菌),以菌丝体、菌核和分生孢子在病残体上越冬。春季越冬菌丝体和菌核产生分生孢子,借助气流和雨水传播,对花序和幼果进行初侵染。初侵染后的病组织或腐生的病菌形成新的分生孢子,不断进行再侵染。病菌可通过部分感病葡萄品种的表皮直接侵入,但主要通过伤口侵入。伤口包括虫害、白粉病、冰雹、鸟害等造成的伤口,以及无功能的气孔周围形成的小裂缝。

该病 1 年有 2 次发病期。第一次在开花前后,此时温度低,空气湿度大,可造成花序大量受害。第二次在果实着色至成熟期,如遇连雨天,会导致果粒大量腐烂。

气温偏低和高湿天气有利于该病发生和流行。葡萄开花期和坐果期,若遇气温偏低、多雨、潮湿天气,则发病严重。伤口有利于该病侵入,后期的裂果会导致该病严重发生。

不同品种对灰葡萄孢霉抗性不同。这种差异是由果穗紧密度、果皮厚度和解剖学特性,以及果皮中花青素和酚类物的含量决定的。红地球、玫瑰香、塞美容等品种较感病;巨峰、藤稔、龙眼、秋黑等品种较抗病。

3. 防治关键　防治该病有 4 个关键时期:花序分离期至开花前、谢花后期至坐果期、封穗前、开始成熟至果实采收前的 20 天左右。花前防治主要是保证花序安全。花前多雨地区或年份,一般感病品种用药 2 次,较抗病品种用药 1 次。花前干旱地区或年份,较抗病品种可不用药,感病品种一般用药 1 次。有该病危害果实的地区,谢花后均需用药。封穗前的防治主要针对果梗和穗轴,较抗病品种一般不用药,气候湿润地区的感病品种需用药。果实转色后至成熟期,感病品种需用药 1～2 次,较抗病品种可不用药(多雨年份可用药 1 次)。

4. 防治方法

(1)栽培管理　①避免疯长和郁闭,减少枝蔓上的枝条数量,摘除果穗周围的叶片,减少液态肥料喷淋。②及时清理灰霉病病组织,秋冬季彻底清扫果园内的枯枝落叶,清除树上病枝、病叶,集中处理。

(2)药剂防治　①田间防治。田间防治应注意药剂的轮换使用,所用药剂主要有以下两类。保护性杀菌剂主要包括:50%福美双可湿性粉剂 1 500 倍液、80%福美双水分散粒剂 800～1 000 倍液、50%乙烯菌核利可湿性粉剂或水分散粒剂 500 倍液、50%腐霉利可湿性粉剂 600 倍液、50%异菌脲可湿性粉剂 500～600 倍液、25%异菌脲悬浮剂 300 倍液。内吸性杀菌剂主要包括:70%甲基硫菌灵可湿性粉剂 800 倍液、50%多菌灵可湿性粉剂 500～600 倍液、22.2%抑霉唑乳油 1 000～1 500 倍液、40%嘧霉胺 800～1 000 倍液、10%多抗霉素可湿性粉剂 600 倍液、3%多抗霉素可湿性粉剂 200 倍液、50%乙霉·多菌灵可湿性粉剂 600～800 倍液、50%啶酰菌胺水分散粒剂 1 500 倍液。②贮藏期间防治。主要采用低温(接近-1℃～0℃)与二氧化硫气体熏蒸(或保鲜片剂)相结合的方法。

(三)葡萄酸腐病

1. 田间诊断　葡萄酸腐病危害果实。危害时期最早在转色期前后,主要在转色至成熟期。发病初期果粒表面出现褐色水渍状斑点或条纹,随着褐色斑点不断扩大,果粒开始变软,果肉变酸、腐烂,有大量汁液从伤口流出(彩图 5-4);套袋葡萄在果袋下部有一片深色湿润(俗称尿袋)(彩图 5-5)。振动有病果的果穗,有浅粉红色醋蝇(长 4 毫米左右)从烂果穗周围飞出(彩图 5-6)。果穗有醋酸味,发病严重时全园弥漫醋酸味,烂果内可见灰白色小蛆。果粒腐烂后,果肉变成汁液流出,只剩果皮和种子。汁液流经果实、果梗、穗轴等时会致其腐烂,最后整穗葡萄腐烂(彩图 6-1)。

2. 发病规律　葡萄酸腐病是真菌、细菌和醋蝇联合危害的结果,属于二次侵染病害。此病常与灰霉病、白腐病等混合发生。酸腐病病菌从冰雹、风、蜂、鸟、裂果等造成的机械损伤口进入浆果。伤口是真菌和细菌存活、繁殖的初始因素,并可引诱醋蝇产卵。醋蝇在爬行和产卵过程中会传播其虫体上携带的细菌,并通过幼虫取食、酵母和醋酸菌繁殖,造成果粒腐烂,导致葡萄酸腐病大发生。

酸腐病的发生需具备以下条件:一是植株有机械伤或病害造成的伤口;二是果穗周围和果穗内部湿度高;三是有醋蝇。此外,葡萄品种和树势也会影响酸腐病的发生和危害。

空气湿度大,果穗周围和果穗内部湿度大均会加重该病的发生和危害。品种间对该病的抗性也有差异:美人指、黄意大利、温克等为高感品种;里扎马特、赤霞珠、无核白、白牛奶等为中感品种;红地球、龙眼、粉红亚都蜜等品种较抗病。不同品种,尤其是不同成熟期的品种混栽,会加重该病发生。赤霉素等植物生长调节剂的不合理使用导致的果穗过度紧密、果粒相互挤压产生的轻微伤口,都会诱发该病,造成大面积果粒腐烂。

3. 防治关键　防治该病有 3 个关键时期:封穗前、转色期和成熟前 20~30 天,其中以转色期最为重要。葡萄酸腐病的防治应以防病为主,病虫兼治。封穗期,使用铜制剂;转色期,铜制剂和杀虫剂混合使用；成熟期，可根据气候条件和发病情况确定是否用药及用药种类。

4. 防治方法

(1)栽培管理 ①防止裂果，加强白粉病和鸟害的防治。②防治其他病虫危害，以免给果实造成伤口。③感病品种在花后应疏理果穗，以免果穗过紧。

(2)药剂防治

①树上喷药 推荐铜制剂（如波尔多液）和杀虫剂混合或配合使用。转色期前后，使用80%波尔多液可湿性粉剂1～3次，每隔10～15天1次，用量一般为每667米^2 400～600克。转色期，铜制剂和杀虫剂混合使用，可选用的杀虫剂有10%高效氯氰菊酯乳油1 000～1 200倍液，或10%联苯菊酯微乳剂1 000倍液等。

②地面熏蒸 在酸腐病发生比较普遍或比较严重时采用。正午无风天气时在土壤表面喷洒80%敌敌畏乳油100～200倍液。可在地面放置一薄层秸秆、杂草、稻糠等，然后在其上喷药。注意：药液不能喷到葡萄树上。

③诱杀和果穗处理 发病初期，剪除病果穗或病果粒，将部分病果粒用吡丙醚、灭蝇胺等处理后，放入诱捕器中（其余病果粒挖坑深埋），将诱捕器挂在发生酸腐病的果穗周围。一般每2～5米^{2}挂1个诱捕器。诱捕器中的病果粒一般每20～30天更换1次。诱捕器可用半截塑料矿泉水瓶代替，诱捕器也需药剂处理。注意：发现酸腐病后，应尽快除去病果粒，危害严重的果穗须整穗摘除。去掉果粒的果穗，及时用药剂喷果穗或进行蘸果穗处理。

（四）葡萄白粉病

1. 田间诊断 葡萄白粉病可侵染叶片、果实、枝蔓等绿色部位，幼嫩组织较易感病，通常春季的幼芽和幼叶最先受害。受害组织上覆盖白色粉状物。①叶片发病初期在表面形成不明显的病斑,随着时间推移,病斑变为灰白色,上覆灰白色粉状物(彩图 6-2);有时,病斑出现灰白色粉状物之前,会形成褪绿、有光泽的油状病斑。幼叶被侵染后,受侵染部位生长受阻而健康区域基本正常生长,因此会导致叶片扭曲变形。②穗轴、果梗和枝条发病,出现不规则褐色或黑褐色病斑,羽纹状向外延伸,表面覆盖白色粉状物(彩图 6-3)。有时,病斑因形成很多黑色闭囊壳而变为暗褐色。穗轴和果梗受害后变脆,枝条受害后不能老熟。③花序在花前和花后感染该病,开始时颜色变黄,而后花序梗发脆,容易折断。④含糖量低于 8% 的葡萄果粒易感该病。发病初期,果实表面分布一层稀薄的灰白色粉状霉层(彩图 6-4),擦去灰白色粉状物,果实皮层上有褐色或紫褐色网状花纹(彩图 6-5)。若果粒尚未充分长大前被感染,则其表皮细胞死亡,表皮组织生长停止,表面生白色粉状物;随着果肉扩大,果粒受到内部压力而裂开,最后变干或受杂菌感染而腐烂。

2. 发病规律 葡萄白粉病菌无性态为 *Oidium tuckeri*(托氏葡萄粉孢霉),有性态为 *Uncinula necato*(葡萄钩丝壳菌)。病菌以菌丝在葡萄休眠芽内,或以闭囊壳在植株残体上越冬,翌年春天芽开始萌动时,菌丝体产生分生孢子,闭囊壳产生子囊孢子。分生孢子、子囊孢子借助风、气流和昆虫传播到刚发芽的幼嫩组织上,导致第一批病梢、病叶、病枝出现。之后,不断进行再侵染。

葡萄白粉病菌生长和发育需较高的温度。一般夏季干旱或闷热多云天气、气温在 25℃～35℃ 时,发病最快,但 35℃ 以上的高温会抑制该病的发生和流行。葡萄白粉病菌喜欢高湿,但怕水,原因是降雨和降水会冲刷掉叶片上的白粉病菌孢子,而且分生孢子会吸水膨胀破裂。所以,干旱地区或避雨栽培模式下,葡萄白粉病易发生和流行。

不同品种对该病的抗性差异较大,一般情况下:美洲种品种较抗病,欧亚品种较感病;在生产栽培的葡萄品种中,北醇、圆叶葡萄、河岸葡萄、夏葡萄、冬葡萄、山葡萄、黑比诺、法国兰等较抗病；品丽珠、赤霞珠、霞多丽、佳丽酿、莫尼耶品乐、白比诺、雷司令、威代尔、华东葡萄、刺葡萄、复叶葡萄等较感病。

3. 防治关键 葡萄白粉病的防治关键是初始菌源的控制和葡萄生育期前期的防治。减少菌源有两个关键时间点：果实采收后至落叶前后与萌芽前后。有白粉病发生的葡萄园，这两个时期应进行重点防治。生育期前期包括萌芽期或稍后（2～3叶期）、花前花后和小幼果期，其中发芽后的2～3叶期，是防治白粉病的最佳时期，一般采用化学防治。

开花前、落花后至套袋前、果实生长的中后期（特别是幼果转色期前后）也是该病的关键防治时期，一般不需单独防治，可在防治其他病害时兼治该病。

4. 防治方法

(1)栽培管理 ①合理载量、平衡施肥、科学灌水。②避免旺长、郁闭、通风透光不良。③清除发病的枝条、叶片、果粒、卷须、果梗和穗轴，带到果园外集中处理（如高温发酵堆肥等），减少越冬病原菌数量。

(2)药剂防治 主要有：石硫合剂（萌芽期，3～5波美度；生长期气温低于30℃时，0.3波美度）、50%福美双可湿性粉剂1 500倍液、2%嘧啶核苷类抗菌素水剂150倍液、1%武夷菌素水剂200～300倍液、1.8%辛菌胺醋酸盐水剂600倍液、37%苯醚甲环唑水分散粒剂3 000～5 000倍、12.5%腈菌唑乳油2 000倍液、70%甲基硫菌灵可湿性粉剂800倍液、25%醚菌酯悬浮剂1 500倍液、12.5%烯唑醇乳油3 000倍液、80%戊唑醇乳油6 000～10 000倍液等。其他有效药剂还有硫磺胶悬剂和水分散粒剂、氟硅唑、芽孢杆菌制剂、大黄素甲醚、乙嘧酚磺酸酯、丁香菌酯、四氟醚唑等。

（五）葡萄黑痘病

1. 田间诊断　葡萄黑痘病主要危害新梢、卷须、叶片、叶柄、果实、果梗等幼嫩绿色组织。①新梢初期病斑呈长椭圆形，病斑稍隆起，边缘呈紫褐色。后期病斑中央呈灰白色、凹陷，有时可深入木质部或髓部。严重时从新梢顶端开始发病，向下逐渐扩展，直到整个新梢变黑枯死（彩图 6-6）。②幼叶出现针眼大小红褐色至黑褐色小斑点，周围出现淡黄色的晕圈，随后逐渐蔓延扩大，叶脉受害停止生长，叶片皱缩畸形，直至叶片形成中央灰白色、边缘暗褐色或紫色的病斑，最后导致叶片干燥、中间呈星芒状破裂（彩图 7-1）。③幼果初期产生褐色至黑褐色针尖大小的圆点，随着果实的增大，病斑逐渐扩大成圆形，直径可达 2～5 毫米，中央凹陷，呈灰白色，外有褐色或暗褐色圈，似鸟眼状；后期病斑硬化或开裂（彩图 7-2）。天气潮湿时，其上常出现乳白色的黏质物（葡萄黑痘病的分生孢子团）。病果小，味酸，病斑硬化、龟裂，严重影响果实品质。

2. 发病规律　葡萄黑痘病病原菌为 *Sphaceloma ampelinum*，主要以菌丝、分生孢子或分生孢子盘在病叶、烂蔓、病果、副梢、叶痕等部位越冬，翌年环境条件适宜时产生分生孢子。分生孢子由风雨冲溅或人为传播到新梢和嫩叶上，从气孔、皮孔等自然孔口侵入寄主组织内引起初侵染。数日后，在寄主表皮下形成分生孢子盘，突破表皮。条件适宜时，病菌不断产生新的分生孢子，进行多次再侵染，导致病害流行。

该病在春季和夏季存在流行风险。其发生和流行与温度、降雨、空气湿度等密切相关。葡萄生育期前期的多雨高湿环境是该病发生流行的重要因素。地势低洼、氮肥过多、排水不良、枝叶过密、树势衰弱的葡萄园易遭受该病危害。巨峰、康拜尔早生、北醇等品种对该病抗性较强。

3. 防治关键 该病的防治关键是葡萄生育期前期的防治和初始菌源的控制。生育期前期包括萌芽期或稍后(2～3叶期)、花前花后和小幼果期。此期防治黑痘病一般采用化学防治。采收后,可结合防治其他病害喷施波尔多液或石硫合剂。

4. 防治方法

(1)栽培管理 ①合理修剪、避免郁闭。夏季及时摘心、抹梢、绑蔓,疏除近地面枝条,清除病残叶,改善架面通风透光条件。②根据品种、树龄、树势、施肥水平等,采取疏花疏果等措施控制结果量,做到合理负载(一般每667米^{2}产量控制在2 000千克左右)。③及时清理和处理黑痘病病组织。秋、冬季彻底清扫果园内的枯枝落叶,清除树上病枝、病叶、病果,并集中处理。

(2)药剂防治

①防治药剂 药剂主要包括以下两大类:一是保护性杀菌剂,主要包括铜制剂(如80％波尔多液400～800倍液、30％氧氯化铜可湿性粉剂600～800倍液)、25％嘧菌酯悬浮剂1 500倍液、50％福美双可湿性粉剂1 500倍液、30％代森锰锌悬浮剂600～800倍液等(注意:铜制剂是控制黑痘病最基础和最关键的药剂)。二是内吸性杀菌剂,主要包括37％苯醚甲环唑水分散粒剂3 000～5 000倍液、40％氟硅唑乳油8 000倍液、80％戊唑醇可湿性粉剂6 000倍液、70％甲基硫菌灵可湿性粉剂1 000倍液等。

②苗木消毒 黑痘病的远距离传播载体主要是带病菌的苗木或插条。因此,建园时应选用无病苗木或对苗木进行消毒。常用的苗木消毒剂有10％～15％硫酸铵溶液、3％～5％硫酸铜溶液、硫酸亚铁硫酸液(10％硫酸亚铁＋1％粗硫酸)、3～5波美度石硫合剂等。方法是将苗木或插条在药液中浸泡3～5分钟。

③田间卫生消毒 在清除病残体,减少越冬菌源的基础上喷施药剂。常用药剂有3～5度波美度石硫合剂、45％晶体石硫合剂30倍液、10％硫酸亚铁＋1％粗硫酸。喷药时期以葡萄芽鳞膨

大、尚未出现绿色组织时为好。此类药剂过晚喷洒易发生药害，过早喷洒则效果不佳。

④葡萄生长期用药 在萌芽期或稍后（2～3叶期），可选用波尔多液，或50％福美双可湿性粉剂，或30％氧氯化铜悬浮剂等保护性杀菌剂。花前花后和小幼果期，结合其他病害的防治，可将保护性杀菌剂和内吸性杀菌剂联合或交替使用，以保护性杀菌剂为主。采收后，结合防治其他病害，使用波尔多液或石硫合剂。

（六）葡萄毛毡病

该病由葡萄瘿螨危害造成。

1. 田间诊断 主要危害葡萄叶片，严重时也危害嫩梢、幼果、卷须和花梗。叶片受害后，初期叶面凸起，叶背产生白色斑点，后随着虫斑处叶面过度生长，会形成绿色瘤状突起（彩图7-3）；在幼嫩叶片上，瘤突可为红色（彩图7-4）。在叶背处会出现较深的凹陷，其内充满白色茸毛，似毛毡状，故称"毛毡病"。毛毡状物为葡萄叶片上的表皮组织受瘿螨刺激后肥大而成，颜色会逐渐加深，最后呈铁锈色（彩图7-5）。

2. 发生规律 葡萄瘿螨以雌成螨在芽鳞片下的绒毛中或枝蔓粗皮内越冬，80％～90％的越冬个体在1年生枝条的芽鳞片下越冬。雌螨有群居越冬习性。越冬雌螨在葡萄萌芽时从潜伏场所爬出，转移到幼嫩叶片背面的茸毛下刺吸汁液。葡萄瘿螨在我国1年发生3～5代，主要繁殖方式为孤雌生殖。雌螨产卵量约40粒，卵产在受害部位的绒毛下，卵期10～12天。雌螨喜欢在新梢顶端幼嫩叶片上危害，严重时能扩展到卷须、花序和幼果。瘿螨在葡萄整个生长季节均可发生，开花前后和果实成熟期受害较重。夏季高温和雨水不利该病发生。

葡萄品种对该病的敏感性差异很大，具有茸毛状毛叶片的葡萄品种易感染。在欧洲葡萄、美洲葡萄或杂交葡萄种中，瘿螨更喜欢在美洲种葡萄和杂交种葡萄植株上危害。

3. 防治适期 葡萄毛毡病(短节瘿螨)防治适期有 3 个：一是越冬前,此期应进行清园和药剂防治；二是葡萄萌芽期(冬芽膨大至绒球期),此期一般采用药剂防治；三是生长季,此期可摘除受害叶片,也可喷药防治。

4. 防治方法

(1)检疫和消毒 葡萄短节瘿螨扩散能力弱,远距离扩散主要是依靠葡萄苗木和插条的运输。新建葡萄园购买和引进苗木时须对此螨进行检疫,或对苗木或插条进行消毒。消毒方法：先用 40℃～45℃温水浸泡 15 分钟,然后移入 50℃～52℃温水中浸泡 5～15 分钟。

(2)越冬前和发芽期防治 冬季修剪后彻底清园,刮去主蔓上的粗皮、清除落叶和受害叶,集中处理。在历年发生较重的葡萄园,可于葡萄冬芽膨大至绒球期喷施 3～5 波美度石硫合剂或杀螨剂。

(3)生长季节防治 发生初期,及时摘除受害叶片,集中处理。根据田间发展情况适时喷药,可使用的药剂有 99% 机油乳油、40% 炔螨特水乳剂、10% 浏阳霉素乳油、24% 螺螨酯悬浮剂、20% 哒螨灵可湿性粉剂、1.8% 阿维菌素乳油、10% 联苯菊酯乳油等。

(七) 葡萄生理性病害

1. 田间诊断 葡萄生理性病害是指由于生态条件不适宜、栽培不合理造成的葡萄生理失调,会引起葡萄生长、结实失常,如营养失衡症、气灼病、日灼病、水罐子病、裂果、落花落果等。葡萄生理性病害没有传染性,有时与病毒病害症状类似。具体情况可参考《中国葡萄病虫害与综合防控技术》。

2. 防治方法

(1)品种选择 每一个葡萄品种都有一定的适应条件,包括气候、土壤、水分、营养供应等。因此,在某一地区种植某一品种时,一是要掌握该品种的区试资料和相关数据;二是须经区域试验证实该品种适宜在该地区域种植。在适宜的地区种植适宜的品种是防治生理性病害的基础。

(2)栽培技术 ①根据土壤和气候特点,按照品种营养需求规律,对其进行土肥水管理。②根据气候特点、地域特征和品种特性,确定适宜品种的负载量。③根据本品种特性,采取适宜的修剪模式、叶幕管理、枝梢管理、花果管理等栽培管理措施。

三、虫害防治

(一)葡萄叶蝉

1. 田间诊断

(1)危害症状 以成虫、若虫群集于叶片背面刺吸汁液危害,一般喜在荫蔽处取食。危害先从枝蔓中下部老叶和内膛开始,并逐渐向上部和外围蔓延。叶片受害后,正面呈现密集的白色失绿斑点(彩图7-6),严重时叶片苍白、枯焦,严重影响叶片、枝条生长和花芽分化,并造成葡萄早期落叶,树势衰退。葡萄叶蝉排出的粪便会污染叶片和果实,造成黑褐色粪斑。

(2)害虫识别 危害葡萄的叶蝉主要是葡萄斑叶蝉(*Erythroneura apicalis*)和葡萄二黄斑叶蝉(*Erythroneura sp*)。

①葡萄斑叶蝉 一是卵长约0.6毫米,长椭圆形,呈弯曲状,乳白色,稍透明。二是若虫,初孵若虫体长0.5毫米,呈白色(彩图8-1),复眼红色;二、三龄若虫呈黄白色;四龄体呈菱形,体长约2毫米,复眼暗褐色,胸部两侧可见明显翅芽。三是成虫,体长2.9～3.3毫米。身体淡黄色,头顶上有2个明显的圆形斑点(彩图8-2)。

复眼黑色,腹部的腹节背面具黑褐色斑块。足 3 对,其端爪为黑色。翅半透明,雄虫色深,雌虫色淡。

②葡萄二黄斑叶蝉 一是卵,与葡萄斑叶蝉的卵相似。二是若虫:末龄若虫体长约 1.6 毫米,紫红色;触角、足体节间、背中线淡黄白色;体较短宽,腹末几节向上方翘起。三是成虫,体长约 3 毫米,头顶前缘有 2 个黑色小圆点;小盾片淡黄白色,前缘左、右各有 1 个较大黑褐色斑点。前翅表面暗褐色,后缘各有近半圆形的淡黄色区 2 处,两翅合拢后在体背可形成 2 个近圆形的淡黄色斑纹(彩图 8-3)。

2. 发生规律 葡萄斑叶蝉以成虫越冬,可在葡萄枝条老皮下、枯枝落叶、石块、石缝、杂草丛等隐蔽场所越冬。越冬前体色变为褐色、橘黄色、绿色或土黄色。越冬成虫离开越冬场所后,先在其他树木上活动但不产卵,至葡萄发芽期再进入葡萄园危害。其卵散产,常产于植株中下部较老的叶片上,产卵部位多在叶脉两侧,以中脉居多。若虫活动灵活,喜群集,怕光,喜欢在光线相对较弱的叶片背面的叶脉处取食。中部叶片受害较重,嫩叶上虫量少,受害极轻。在其整个生活周期内,种群密度变化呈现扩散—聚集—扩散—聚集的规律。冬季少严寒、降雪少、气候干燥等条件可促其安全越冬。春、夏季降雨少、干旱等条件可促其大发生。

3. 防治适期 抓好 3 个关键时期:一是早春越冬代防治,即在越冬代成虫产卵前对田边、地头、葡萄架下和葡萄枝蔓进行药剂防治;二是一代若虫的防治;三是葡萄斑叶蝉迁移到越冬场所前的防治。

4. 防治方法

(1)农业防治 ①避免果园郁闭;②葡萄生长期及时清除杂草;③避免与苹果、梨等寄主混栽或邻栽,以防叶蝉迁移危害。

(2)生物防治 我国叶蝉天敌达 300 余种,种类丰富,应积极加强对自然天敌的保护和利用。

(3)物理防治 利用黄板防治葡萄斑叶蝉,尤其是越冬代葡萄斑叶蝉。在葡萄整个生长期均可使用。方法是:将黄板悬挂于架面靠近根部的第一或第二道铁丝上,与铁丝方向平行,黄板上端距葡萄架面 10 厘米为宜,每 667 米² 挂 20~30 块。当葡萄叶蝉粘满黄板时,更换粘虫板或重新涂胶。

(4)药剂防治 宜在早晨或黄昏葡萄斑叶蝉活动性差时施药,喷头自下而上喷雾,要求喷洒均匀周到,尤其叶背面。先喷葡萄园周围,后向中心地带聚集喷施,以防葡萄叶蝉向周边扩散危害。可喷施药剂有 45%高效氯氰菊酯乳油 1 500 倍液、20%啶虫脒乳油 5 000 倍液、70%吡虫啉乳油 5 000 倍液、25%噻虫嗪水分散粒剂 10 000 倍液、25%吡蚜酮悬浮剂 5 000 倍液。

(二)盲蝽象类

1. 田间诊断

(1)危害症状 以成虫、若虫刺吸危害葡萄幼芽、嫩叶、花蕾和幼果,可分泌毒汁,造成受害部位细胞坏死或致其畸形生长。葡萄嫩叶受害后,先出现枯死小点,后随叶芽伸展,小点变成不规则的多角形孔洞,俗称"破叶疯"(彩图 8-4 至彩图 8-6);花蕾受害后即停止发育,枯萎脱落;受害幼果粒初期表面呈现不很明显的黄褐色小斑点,后随果粒生长,小斑点逐渐扩大,呈黑色,致使受害皮下组织发育受阻,渐凹陷,严重部位发生龟裂,严重影响葡萄产量和品质(彩图 9-1)。

(2)害虫识别 主要种类有绿盲蝽(*Apolygus lucorum*)、中黑盲蝽(*Adelphocoris suturalis*)、三点盲蝽(*Adelphocoris fasciaticollis*)、苜蓿盲蝽(*Adelphocoris lineolatus*)和牧草盲蝽(*Lygus pratensis*),因危害以绿盲蝽为主,所以在此也仅介绍绿盲蝽的识别。

①卵　长约1毫米,黄绿色,长口袋形,卵盖奶黄色,中央凹陷,两端突起,无附属物。

②若虫　若虫五龄,初孵时绿色,复眼桃红色。五龄若虫全体鲜绿色,触角淡黄色,端部色渐深,复眼灰色。翅芽尖端蓝色,达腹部第四节(彩图9-2)。

③成虫　体长约5毫米,雌虫稍大,体绿色。复眼黑色突出。触角4节,丝状,较短,约为体长的2/3,向端部颜色渐深;第二节长等于3、4节之和;第一节黄绿色,第四节黑褐色。前胸背板深绿色,有许多黑色小刻点。小盾片三角形,微突,黄绿色,中央具一浅纵纹。前翅膜片半透明、暗灰色,余绿色(彩图9-3)。

2. 发生规律　绿盲蝽1年发生3～5代,主要以卵在树皮内、芽眼间、枯枝断面、棉花枯、断枝茎髓内,杂草和浅层土壤中越冬。3～4月份,越冬卵开始孵化,越冬卵孵化期较为整齐,其在葡萄萌芽后即开始危害,危害盛期在展叶盛期。幼果期开始危害果粒,幼果稍大后气温渐高,虫口减少。

若虫活泼,白天潜伏,稍受惊动即迅速爬迁,白天不易被发现;主要于清晨和傍晚在芽、嫩叶和幼果上刺吸危害。成虫飞翔能力强,寿命较长(30～40天),其产卵一般具趋嫩性,卵多产于幼芽、嫩叶、花蕾、幼果等组织内,而越冬卵则大多产于枯枝、干草等处。

绿盲蝽喜温暖、潮湿环境。高湿条件下,若虫活跃,生长发育快。雨多的年份,虫害发生较重。气温20℃～30℃、空气相对湿度80％～90％条件下,该虫害最易发生。

绿盲蝽天敌种类较多,寄生性天敌有卵寄生蜂、点脉缨小蜂、盲蝽黑卵蜂等,捕食性天敌有花蝽、草蛉、姬猎蝽等。

3. 防治适期　绿盲蝽具有昼伏夜出习性,成虫白天多潜伏于树下、沟旁杂草内,多在夜晚和清晨危害。因此,喷药防治该虫时,应在傍晚或清晨进行。早春葡萄芽期,有绿盲蝽危害的葡萄园应喷施1遍药剂,以消灭越冬卵和初孵若虫。

4. 防治方法

(1)农业防治 ①在葡萄越冬前(北方埋土防寒前),清除树下及田埂、沟边、路旁的杂草,清除枝蔓上的老粗皮,剪除有卵剪口、枯枝。②葡萄生长期,及时清除果园内外杂草。

(2)物理防治 利用绿盲蝽成虫的趋光性,使用频振式杀虫灯进行诱杀。

(3)药剂防治 常用药剂有吡虫啉、啶虫脒、马拉硫磷、溴氰菊酯、高效氯氰菊酯、噻虫嗪、吡蚜酮、石硫合剂等。喷药要细致、周到,树干、地上杂草和行间作物要全面喷药。

此外,还可进行化学生态防治。即在葡萄园周围,按照一定距离放置绿盲蝽驱避剂,阻止外来虫源进入。或利用绿盲蝽的趋化性,放置气味诱杀器,进行气味诱杀。或利用性诱剂诱杀绿盲蝽和干扰绿盲蝽繁殖。

(三)葡萄短须螨

危害葡萄的螨类害虫主要有葡萄瘿螨(导致毛毡病)、葡萄短须螨(刘氏短须螨)、侧多食跗线螨(茶黄螨)、二斑叶螨等。毛毡病已在前面介绍,二斑叶螨国内发生很少,而茶黄螨危害较轻,所以在此仅介绍葡萄短须螨。

1. 田间诊断

(1)危害症状 葡萄短须螨(*Brevipalpus lewisi*)以成螨、幼螨、若螨刺吸危害,葡萄藤所有绿色部分均可受害。在葡萄叶片上,该虫主要于叶片背面靠近主脉和支脉处取食,叶片受害后失绿变黄,严重时会造成枯焦脱落。新梢、叶柄、果梗、穗梗受害后,表皮产生褐色或黑色颗粒状突起(俗称"铁丝蔓"),组织变脆,极易折断。果粒前期受害后,果面呈浅褐色锈斑,果皮粗糙硬化,有时会从果蒂向下纵裂;果粒后期受害后影响果实着色,果实含糖量明显降低(彩图9-4)。

（2）害虫识别（图 4-1）

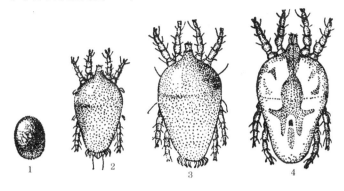

图 4-1 葡萄短须螨

1. 卵 2. 幼虫 3. 若虫 4. 成虫

（仿《果树昆虫学》）

①卵 卵圆形，鲜红色，有光泽。

②幼螨 体鲜红色，足 3 对，白色。体两侧各有 2 根叶状刚毛，腹部末端周缘有 4 对刚毛。其中，第三对为针状长刚毛，其余为叶状刚毛。

③若螨 体淡红色或灰白色，4 对足。前足体第一对背毛微小，狭披针形；第 2～3 对背毛较长，呈宽阔的披针形。后半体第 1～2 对背侧毛和背中毛细短，肩毛和第 3～6 对背侧毛宽阔、较长。

④雌螨 椭圆形，体背中央呈纵向隆起，后部末端上下扁平，红色或暗红色。前足体具 3 对短小的背毛，后半体具 10 对背毛。其中，背中毛 3 对，肩毛 1 对，背侧毛 6 对，均呈短小的狭披针形。躯体背面中央具不规则网纹。4 对足短粗多皱，各足胫节末端着生 1 根枝状感毛。

⑤雄螨 体型与雌螨相似，略小。前足体与后半体之间横缝分隔明显，末体较雌螨狭窄。

2. 发生规律 葡萄短须螨 1 年发生多代,以雌螨越冬,越冬型雌螨浅褐色,多聚集在多年生枝蔓的裂皮下、芽鳞绒毛内和叶痕处越冬。越冬雌虫在翌年于葡萄萌芽期出蛰,开始多停留在多绒毛的嫩梢基部危害刚展叶的嫩梢,15 天左右开始产卵。随着新梢生长,害虫逐渐向上蔓延,开始危害叶柄和叶片,坐果后可扩散至穗柄、果梗、果实等处危害。落叶前开始向越冬部位转移,至休眠期时完全隐蔽越冬。高温、高湿条件下,该螨大量繁殖,危害严重。气温 29℃左右、空气相对湿度 80%～85%条件下,最适于该螨生长发育。在夏季干旱或初夏保护地,该虫发生数量多,极易造成严重危害。露地栽培若遇雨水,则不利其发生。

该螨对葡萄品种的敏感性差异很大,这与葡萄品种叶部绒毛的有无、长短和密度有关。

3. 防治适期 葡萄短须螨防治适期有 3 个:一是春季葡萄发芽期,越冬雌螨出蛰期;二是花前花后,种群适量开始快速增加时;三是越冬前。

4. 防治方法

(1)清洁果园 入冬前或春天葡萄出土上架后,检查枝条,由上向下去除枯枝和翘起的裂皮,并连同落叶一同烧毁或深埋,以消灭越冬雌成螨。

(2)保护利用天敌 发挥天敌昆虫的自然控制作用,或释放西方盲走螨等捕食螨,控制种群数量。蠊螯螨(*H. anconai*)和西方盲走螨(*M. occidentalis*)的成、若螨对葡萄短须螨的卵有较强的捕食能力。

(3)药剂防治 防治药剂有石硫合剂(萌芽期或越冬前防治,3～5 波美度)、99%矿物油乳油 100～200 倍液、1.8%阿维菌素乳油 2 000～3 000 倍液、20%哒螨灵可湿性粉剂 3 000～4 000 倍液、40%炔螨特水乳剂 1 000～1 500 倍液、5%噻螨酮乳油 1 500～2 000 倍液、24%螺螨酯悬浮剂 4 000～5 000 倍液、20%四螨嗪悬浮剂 1 500 倍液、10％联苯菊酯乳油 2 000～3 000 倍液等。

（四）介壳虫类

葡萄上的介壳虫种类比较多,常见的有葡萄粉蚧、康氏粉蚧、暗色粉蚧、长尾粉蚧等粉蚧类,以及水木坚蚧等。造成生产较重危害的主要是葡萄粉蚧、康氏粉蚧和水木坚蚧。

1. 田间诊断

(1)危害症状

①葡萄粉蚧(*Pseudococcus maritimus*) 以若虫和雌虫隐藏在老蔓的翘皮下,主蔓、枝蔓的裂区、伤口处,以及近地面的根部等,集中刺吸汁液危害,受害处形成大小不等的丘状突起(彩图 9-5)。随着葡萄新梢的生长,逐渐向新梢上转移,集中在新梢基部刺吸危害。受害严重的新梢失水枯死,受害偏轻的新梢不能成熟和越冬。叶腋和叶梗受害后,叶片失绿发黄、干枯。穗轴、果梗、果蒂等受害后,果粒变畸形,果蒂膨大粗糙。葡萄粉蚧刺吸危害的同时,还分泌黏液,易招致真菌滋生、污染果穗,影响果实品质(彩图 9-6)。

②康氏粉蚧(*Pseudococcus comstocki*) 以雌成虫和若虫在嫩芽、嫩叶、果实和枝干上刺吸汁液。受害状与葡萄粉蚧类似。该虫喜欢在阴暗处活动,树冠郁闭的果园发生较重,尤其是树冠中下部和内膛处。套袋后的果实是其繁殖、危害的最佳场所(彩图 10-1)。

③水木坚蚧(*Parthenolecanium orientalis*) 以雌成虫和若虫附着在枝干、叶和果穗上刺吸汁液,并排出大量黏液,招致真菌寄生,受害部位表面呈现烟煤状(彩图 10-2)。该害虫以危害枝蔓为主(彩图 10-3)。

(2)害虫识别

①葡萄粉蚧 卵:暗红色、椭圆形,卵粒很小,长约 0.3 毫米,肉眼难辨。若虫:初孵若虫长椭圆形,暗红色,虫体很小,触角和足发达,有 1 对触角、3 对足(彩图 10-4)。背部无白色蜡粉。一龄

若虫脱皮后进入二龄若虫期,体上逐渐形成蜡粉和体节,随着虫体膨大蜡粉加厚,体分节明显,体周缘逐渐形成锯齿状蜡毛,进入雌成虫期。一龄若虫雌雄无差异,脱皮后雄虫化蛹,紫红色,裸蛹。雌成虫:无翅、体软、椭圆形,体长 4.5～5 毫米,暗红色,腹部扁平,背部隆起,体节明显,身披白色蜡粉。成熟雌虫较大,肉眼可见,产卵时会分泌棉絮状卵囊,产卵其中。雄成虫:体长 1.1 毫米左右,翅展 2 毫米,白色透明,翅有 2 条翅脉,后翅退化成平衡棒。

②康氏粉蚧　卵:椭圆形,长 0.3～0.4 毫米,浅橙黄色,附有白色蜡粉,产于白色絮状卵囊内。若虫:雌 3 龄,雄 2 龄,一龄若虫椭圆形,长约 0.5 毫米,淡黄色,体表两侧布满纤毛,二龄若虫体长约 1 毫米,体缘出现蜡刺。三龄若虫长约 1.7 毫米,与雌成虫相似。雌成虫:椭圆形,较扁平,体长 3～5 毫米,粉红色,体被白色蜡粉,腹部末端 1 对蜡刺几乎与体长相等。足较发达,疏生刚毛。雄蛹:长约 1.2 毫米,淡紫褐色,裸蛹。茧体长 2～2.5 毫米,长椭圆形,白色絮状。

③水木坚蚧　卵:长卵形,初产乳白色,成堆产于雌虫体下。刚孵化时黄褐色至粉红色,表面微覆一层白色蜡粉。若虫:一龄若虫体扁椭圆形,淡黄白色,体背中央有 1 条灰白色纵线。二龄若虫体椭圆形,体长约 2 毫米,灰黄色或浅灰色。雌成虫:体椭圆形,黄褐色或红褐色。虫体背面略微向上隆起,体背中央有 4 纵排断续的凹陷,中央 2 排较大,外侧 2 排较小。雄成虫:头部红黑色,体红褐色,具 1 对发达前翅,呈黄色。

2. 发生规律

(1) 葡萄粉蚧　1 年发生 2～3 代,以若虫在老蔓翘皮下、裂开处和根部土壤中群体越冬,翌年葡萄萌芽期开始活动危害。花序展露期越冬代雌成虫出现,开花前开始产卵,花后为卵孵化盛期。第一代雌成虫封穗期开始出现,1 个月后为第二代卵孵化盛期,果实采收后至越冬前出现第三代卵孵化盛期。

（2）**康氏粉蚧** 1 年发生 3 代左右,发生代数与当地的有效积温有关。以卵在果树翘皮下、树皮裂缝、树干周围、土壤缝隙或其他杂物底下越冬。越冬卵在翌年葡萄发芽后孵化,刚孵化的若虫主要集中在伤口愈伤组织处和刚发出的叶芽鳞片底下取食,危害幼嫩组织,第一代若虫部分危害套袋果实。封穗期前后,雌虫会在树干上爬行,寻找合适的地方产卵,1 个月左右会出现第二代若虫,刚孵化的若虫主要危害果实。

（3）**水木坚蚧** 通常孤雌生殖,1 年发生 1～2 代,发生代数随地域和寄主不同而有所差异。水木坚蚧主要以二龄若虫在枝条上越冬,在葡萄萌芽期开始活动,萌芽后开始膨大并蜕皮变为成虫。雌虫开花前开始产卵,产于雌虫体下。该虫于花后果实膨大期进入孵化盛期,若虫先在葡萄叶背面的叶脉两侧危害,后到幼嫩新梢上危害,最后固定在枝干、叶柄、穗轴或果粒上危害(彩图 10-5)。越冬的二龄若虫,于寄主落叶前,将口器收回体内,恢复活动能力,并在寄主枝干部寻找越冬场所。其越冬场所较复杂,有枝条缝隙中、断口处的裂缝里、疤痕处、枝条的基部和分叉处等。越冬后第二次蜕皮至虫体硬化以前的阶段,若遇不利天气,其死亡率较高。通常情况下,初孵化的若虫体小而脆弱,卵孵化期若遇雨水,会造成大量个体死亡。

3. 防治适期 葡萄粉蚧的防治关键阶段:一是葡萄萌芽期前和萌芽期(葡萄出土上架后至萌芽期);二是花后,即第一代若虫孵化期;三是 8 月中下旬,即若虫爬出活动期;四是若虫孵化到葡萄树埋土之前(南方地区为落叶前)。

康氏粉蚧的防治关键阶段:一是越冬卵孵化期,即萌芽期;二是第二代若虫孵化期,即套袋前或封穗前。

水木坚蚧的防治关键阶段:一是孵化后爬至叶片上的寄生时期,即封穗前后;二是寻找越冬场所时期,即落叶前 20 天左右;三是越冬后迁移危害时期,即萌芽期。

4. 防治方法

(1)检疫消毒 ①不采用带虫的接穗。苗木和接穗出苗圃要及时进行检疫、消毒处理。②果园周围不栽植糖槭、刺槐等树种。③介壳虫扩散能力弱,远距离扩散主要随葡萄苗木和插条的调运传播。因此,建园苗木栽种前应进行检疫或消毒处理。消毒方法:苗木调运前进行药剂消毒;栽种前,先进行温浴消毒,用40℃～45℃温水浸泡15分钟后,移入50℃～52℃温水中浸泡5～15分钟。

(2)清洁果园 在葡萄休眠期(落叶后至萌芽前)清除枝蔓上的老粗皮,清除田间杂草。春季发芽期,喷3～5波美度石硫合剂。

(3)物理防治 在葡萄结果枝组和主蔓之间涂抹黏胶、机油、机油乳剂等,特别是卵孵化期、越冬若虫分散期,可有效防治介壳虫。主蔓进行石灰涂白。

(4)药剂防治 主要在萌芽期、花后、封穗前(或套袋前)、采收后进行药剂防治。具体时间和使用次数应根据种类及发生危害程度确定。一般有介壳虫危害的葡萄园,在萌芽期、花后至封穗前,应用药剂防治2次;可根据发生情况针对发生区域进行点片用药,而不全园用药。所用药剂有25%吡虫啉可湿性粉剂、25%啶虫脒可湿性粉剂、5%阿维菌素乳油、25%吡蚜酮悬浮剂、25%噻虫嗪水分散粒剂、24%螺虫乙酯悬浮剂、10%高效氯氰菊酯微乳剂、10%联苯菊酯乳油等。

四、病毒病防治

(一)葡萄扇叶病

1. 症状 葡萄扇叶病症状因病毒株系、葡萄品种及环境条件不同而异,主要有以下3种症状表现。

(1)畸形 该症春季显现,主要表现为:叶片畸形,左右不对称,叶缘齿锐尖,叶基部凹大宽张;叶脉伸展不正常,明显向中间聚集,呈扇状,常伴褪绿斑驳症;病叶扭曲,皱缩(彩图 10-6);枝蔓畸形,变扁;新梢异常,双芽,节间缩短。

(2)黄化 春季叶片上先出现黄色斑点,之后形成黄绿相间花叶;病株的叶、蔓、穗均黄化;夏季老叶黄化变枯、脱落(彩图 11-1)。

(3)镶脉 春末夏初,成熟叶片沿主脉产生褪绿黄斑,渐向脉间扩展,形成带纹;夏秋季节,叶脉逐渐黄化,叶片变小(彩图 11-2,彩图 11-3)。

2. 病原 葡萄扇叶病病原为葡萄扇叶病毒(GFLV),属线虫传多面体病毒组。自然界中,尚未发现葡萄以外的其他寄主。该病毒可通过人工汁液摩擦而接种到昆诺藜、千日红、黄瓜等草本寄主上。

3. 发生规律 葡萄扇叶病主要通过接穗、插条、种苗等繁殖材料远距离传播,也可通过意大利剑线虫和标准剑线虫近距离传播,极少种传。意大利剑线虫和标剑线虫的成虫和幼虫均可传播扇叶病毒,虽然其在土壤中移动缓慢(每年仅 1～1.5 厘米),但可随水流扩散,且体内保毒期可长达 1 年,因此建无病毒葡萄园时应选择 3 年以上未栽植葡萄的无传毒线虫的园地。葡萄扇叶病症状春季明显,但随着温度升高,夏季症状会减弱或消失。通常扇叶病在美洲葡萄品种及其杂交后代上症状较明显,在欧洲葡萄品种及其杂交后代上多呈潜伏侵染。

4. 防治方法 繁育和栽培无病毒苗木是防治葡萄病毒病的根本措施。由于葡萄感染病毒后终生带毒,无药可治,因此葡萄扇叶病的防治以栽培无病毒苗木为主。通过热处理、茎尖培养等方法脱毒处理并经检测确认母株无毒后,才可从其上采集枝条进行繁殖。建立无病毒葡萄园时应选择 3 年以上未栽植葡萄的土地,以防在土中的葡萄残体或线虫成为传染源。对于已定植的葡萄园,一旦发现扇叶病株,应及时拔除,病株根系周围的土壤可用棉隆等杀线虫剂进行消毒处理。

（二）葡萄卷叶病

1. 症状 葡萄卷叶病的症状表现因病毒株系、寄主品种、其他病毒的复合侵染以及环境条件的不同而有所差异。红色品种感染葡萄卷叶病毒后，在春末或夏季，病株基部叶片脉间会出现红色斑点，随着时间的推移，斑点逐渐扩大，连接成片，秋季整个叶片变为暗红色，但叶脉仍然保持绿色（彩图 11-4）。叶片增厚变脆，向下反卷。这些症状会从病株基部叶片向顶部叶片扩展，严重时整株叶片表现症状，树势衰弱（彩图 11-5）。白色品种上的症状表现与红色品种相似，但叶片颜色变黄而不变红（彩图 11-6）。病株果穗着色浅，一些红色品种感病后果实苍白，失去商品价值。

2. 病原 迄今为止，全世界已从葡萄卷叶病株上发现了 11 种血清学不相关的葡萄卷叶病毒，分别为葡萄卷叶病毒 1-9、Pr 和 De，上述卷叶病毒都属于长线形病毒科。我国目前报道的葡萄卷叶病毒有 6 种，即：GLRaV-1，-2，-3，-4，-5，-7。葡萄卷叶病毒粒子呈弯曲的长线状，螺旋对称，直径约 12 纳米，粒子长度在 1 400～2 200 纳米。

3. 发生规律 葡萄卷叶病具有半潜伏侵染的特性，在葡萄生长前期症状表现不明显，果实成熟期症状最为明显；在欧洲葡萄品种上症状表现典型，在多数美洲品种及其杂交后代中多呈潜伏侵染。葡萄卷叶病毒侵染葡萄后，会在枝条、穗梗和叶柄的韧皮部聚集，在植株体内不均匀分布。葡萄卷叶病毒可通过粉蚧和绵蜡蚧等传播载体近距离传播。至今还没有发现葡萄卷叶病毒种传现象。

4. 防治方法 葡萄一旦被病毒感染，即终生带毒，持久危害，无法通过化学药剂进行有效控制。培育和栽培无病毒苗木是防治葡萄卷叶病的根本措施。葡萄无病毒苗的培育主要在科研单位和葡萄苗木繁育单位完成，选择优良品种和优系植株，通过热处理、茎尖培养等方法脱除病毒，并经检测无毒后，即可从无病毒母株上采集枝条，进行繁殖。在栽培葡萄无病毒苗木的同时，还应加强病毒病的田间防治工作。建园时，园址距离普通葡萄园 20 米以上，以防止粉蚧等介体从普通园中传带病毒。如发现传播卷叶病的粉蚧等媒介昆虫，应进行防治（彩图 12-1）。

（三）葡萄皱木复合病

1. 症状 感染皱木复合病的葡萄生长势弱，植株矮小，春季萌芽延迟，某些感病品种，种植几年后即衰退死亡；部分植株嫁接口上部肿大，形成"小脚"现象（彩图 12-2）；有的嫁接口上部树皮增厚、木栓化，组织疏松粗糙、开裂；剥开树皮，在嫁接口附近的木质部和树皮形成层有时可见凹陷的茎痘斑或茎沟槽（彩图 12-3）。多数品种病株呈潜伏侵染，只表现生长衰退，而没有明显的皱木复合病特征。皱木复合病在不同的病害指示植物上表现 4 种症状类型，分别为沙地葡萄茎痘病、克勃茎沟病、LN33 茎沟病和栓皮病。

2. 病原 目前，已从葡萄皱木复合病病株上分离出 5 种线形病毒科病毒，即葡萄病毒 A（GVA）、葡萄病毒 B（GVB）、葡萄病毒 C（GVC）、葡萄病毒 D（GVD）和沙地葡萄茎痘相关病毒（GRSPaV）。这些病毒单独或复合侵染都可引起葡萄皱木复合病，其中，GVA 是克勃茎沟病的病原，GVB 是葡萄栓皮病的病原，GRSPaV 是沙地葡萄茎痘病的病原。GVC 和 GVD 与这些症状的关系尚不清楚。

3. 发生规律 主要通过嫁接传染，随苗木、接穗、砧木和插条等繁殖材料传播。在自然条件下，葡萄皱木复合病的部分病原（如 GVA 和 GVB）还可通过粉蚧近距离传播扩散。该病在大多数欧洲葡萄品种和美洲种砧木品种自根苗上潜伏侵染，嫁接在砧木上以后,部分植株症状明显。GVA和GVB能够通过汁液摩擦接种到草本寄主烟草上。

4. 防治方法 ①培育和栽植无病毒苗木。目前,防治葡萄皱木复合病最有效和简便易行的措施就是培育和栽培无病毒苗木。无病毒原种可通过热处理、茎尖培养及热处理,结合茎尖培养的方法获得,并经指示植物、血清学、分子生物学等方法检测,确认无毒后用于繁育无病毒苗木。繁育无病毒苗木,必须从无病毒品种及砧木母本树上采集接穗或插条。②淘汰病苗、病树。加强苗圃和葡萄园检查,发现病苗、病树及时刨除,防止树根接触传染。③加强病树管理,刨除丧失结果能力的重病树及幼树,改植健树;大树轻微发病的增施有机肥,适当重剪,以增强树势、减轻危害。

第五章

葡萄安全贮运

一、适期采收

（一）采收适期

葡萄采收适期可根据其果实可溶性固形物含量、可滴定酸含量（以酒石酸计）和固酸比进行确定。一般葡萄采收适期的可溶性固形物含量在 14％～19％、可滴定酸含量在 0.55％～0.7％、固酸比在 20～30。部分葡萄品种采收适期果实理化指标见表 5-1。除理化指标外，葡萄采收适期还可根据各品种的生育期、生长积温和着色深浅确定。

表 5-1　部分葡萄品种采收适期的果实理化指标

品　　种	可溶性固形物含量（％）≥	可滴定酸含量（％）≤	固酸比 ≥
里扎马特	15	0.62	24.2
巨　峰	14	0.58	24.1
玫瑰香	17	0.65	26.2
保尔加尔	17	0.60	28.3

续表 5-1

品　种	可溶性固形物含量(%)≥	可滴定酸含量(%)≤	固酸比≥
红大粒	17	0.68	25.0
牛　奶	17	0.60	28.3
意大利	17	0.65	26.2
红地球	16	0.55	29.1
红鸡心	18	0.65	27.7
龙　眼	16	0.57	28.1
黄金钟	16	0.55	29.0
泽　香	18	0.70	25.7
吐鲁番红葡萄	19	0.65	29.2

（二）采　收

1. 采收前的准备　准备好采果剪、线制或布制帽子、手套、周转筐（箱）、短途运输车辆。在果园交通便利、遮阴、通风处搭建工作棚和高 0.8～1 米的工作台；也可在贮藏库内搭建工作棚和工作台。采摘前 1 周摘除果袋，疏除不符合标准的果粒，包括青果（有色品种）、小果、软果、伤果、日灼果、裂果、病虫果和畸形果。

2. 采收方法　根据成熟度差异分批采收。选择果穗紧凑、穗形适宜、果粒均匀、无病虫害的果实，一手握圆头采果剪，一手提起主梗，在贴近母枝处剪下。葡萄采收要做到轻采轻放，尽量避免机械损伤。剔除落地果、残次果、腐烂果、沾泥果。经田间修整和挑选的葡萄，可直接放入贮藏容器或运输容器。未经田间修整和挑选的葡萄可放入采收容器中，待运至包装间后再进行修整和挑选。葡萄采收后应放在阴凉处，或尽快运至包装间，避免日晒雨淋。

3. 采后运输 葡萄采收后要轻装、轻运、轻卸,避免机械损伤;随采随运,采后田间停留不超过 2 小时,并于 6 小时内进入预冷或冷藏。

4. 注意事项 一是采前 1 周,葡萄园应停止灌水。二是避免雨天采收和雨后立即采收;若遇雨天,最好停雨 2～7 天再采收(表 5-2)。三是葡萄采收宜在晴天露水已干的凉爽时段进行。四是轻拿轻放,避免伤及果实和掉粒,尽量保持果粉完整。五是采收时果穗要拿稳,运输、贮藏时果箱要摞稳。

表 5-2 采前下雨后葡萄推迟采收时间

采前下雨	大雨或暴雨	中 雨	小 雨
推迟(天)	7	5	2

二、分级包装

(一)消毒灭菌

1. 库房的消毒灭菌 入贮前彻底清扫贮藏设施,清洗地面、货架和塑料箱。对贮藏设施、贮藏用具等进行消毒杀菌,常用杀菌剂及使用方法如下。

(1)硫磺 按每立方米库容硫磺用量 4～6 克,将工业硫磺与锯末按体积比 1∶2 混匀。每 $200～300$ 米^3 库容设一个熏蒸点,将混匀的药剂放入不锈钢容器并点燃,药剂要从库的里面向库门方向依次点燃,直至人员退到贮藏库外。药剂只能发烟,不能起明火。库房密闭 12～24 小时(如必要,可适当延长),通风排烟数小时,直至无刺激性气味。

(2)CT 高效库房消毒剂 粉末状、广谱、杀菌力强,对金属器械腐蚀性小。使用时将袋内 2 小袋粉剂混匀,按每立方米 5 克的用量点燃。库房密闭熏蒸 4 小时以上。

(3)二氧化氯 无色、无臭的透明液体,对细菌、真菌均有很强的杀灭和抑制作用。市售消毒用的二氧化氯浓度为 2%。使用二氧化氯消毒时要先使其活化,活化剂常用柠檬酸,活性剂用量为 1:1,现用现配。使用时将其稀释至 5～20 倍,浓度达 0.1%～0.5%即可。喷洒或浸渍使用。

(4)过氧乙酸 无色、透明的液体,有强烈氧化作用,腐蚀性较强,广谱,对真菌、细菌、病毒均有良好杀灭作用,分解后无残留。其使用方法为:将市售的过氧乙酸消毒剂甲液和乙液混合,用水配制成 0.5%～0.7%的溶液,按每立方米库容 500 毫升的用量,倒入玻璃或陶瓷器皿中,分多点放置在冷库中,或直接在库内喷洒后密闭熏蒸。操作人员要注意保护皮肤、眼睛等,勿将药液喷洒在金属表面。

(5)高锰酸钾和甲醛混合液 适用于污染较重的老库。使用非金属容器,按 1:1 的质量比将高锰酸钾加入到甲醛中,用量为每 100 平方米 1 千克。操作时注意安全,须撤离迅速。库房密闭 48 小时以上。

(6)漂白粉溶液 常用 4%漂白粉混悬液,在葡萄贮藏期间有加湿需要时喷洒,也可单独喷洒。

2. 鲜食葡萄的消毒灭菌

(1)采前病害防治 在葡萄长期贮藏中引起果穗和果粒大量腐烂的侵染性病害主要有灰霉病、青霉病和褐腐病。葡萄在田间生长期间,这些病害大量侵染并潜伏在果实中,因此提早在田间施用杀菌剂既能保护果实免受病害,又能降低果实带菌量,提高采后贮藏效果。控制微生物侵染葡萄有四道化学防腐关:田间用农药控制为第一道关;采收前使用食品添加剂级保鲜剂是第二道关;库房消毒是第三道关;葡萄贮藏过程的防腐处理是第四道关。

其中,后2道关是必须的。葡萄是为数不多的在较长期贮藏中必须使用保鲜剂的水果,如不使用保鲜剂,即使贮藏温度控制精准也会发生霉烂。

(2)采后入贮前进行二氧化硫熏蒸 二氧化硫熏蒸可采用移动式可控二氧化硫气体处理设备和固定式可控二氧化硫气体处理设施。具体处理方法:第一次以0.5%~1%二氧化硫熏蒸处理20分钟,以后每隔7~8天用0.1%~0.5%二氧化硫熏蒸20~30分钟。熏蒸结束后将残留二氧化硫回收。

对于采后立即运输到市场的葡萄,通常直接在田间使用移动式可控二氧化硫气体处理设备对不衬塑料膜(袋)箱装葡萄进行熏蒸处理。对用于长期冷藏的葡萄,不衬塑料膜(袋)的箱装葡萄入库后,要用可控二氧化硫气体处理设施进行熏蒸处理。该方法要求贮藏库进行人工加湿,保持高湿环境。也可将不衬塑料膜(袋)的箱装葡萄码入冷库中的塑料大帐内,进行塑料大帐冷库夹套间接制冷贮藏,并用可控二氧化硫气体处理设施进行熏蒸处理。

(二)防腐保鲜

1. 施用单种防腐保鲜剂 所用保鲜剂包括:含亚硫酸盐的保鲜片剂小包装(扎眼)、颗粒剂小包装、片剂小包装(扎眼)与颗粒剂小包装配合四种。施用方法有田间使用和冷库预冷后使用两种。通常的流程是:葡萄采收后用塑料膜(袋)衬里装箱,敞口运至预冷间预冷,添加保鲜剂,封袋(箱),冷藏。干旱少雨地区,保鲜剂可在田间装箱时放入。

2. 组合施药 将不同释放速度的两种保鲜剂组合使用,如CT2和CT5。前者为长贮保鲜剂,二氧化硫释放较慢;后者为短贮保鲜剂,二氧化硫释放较快。二者可根据不同气候条件进行组合。以巨峰葡萄为例,每箱装葡萄5千克,不同产区气候条件下两种保鲜剂的组合见表5-3。

表 5-3　针对巨峰葡萄的保鲜剂组合

地　区	CT2（包）	CT5（包）
南方（高温多雨区）	8	2
	10	1
北方（冷凉干旱区）	10	0
	8	1

3. 硫磺熏蒸　葡萄入贮前，土窖和通风库内布点燃烧硫磺，密闭熏蒸 1 昼夜（硫磺用量为 $10\sim15$ 克/米^3），然后通风换气。装筐（箱）不封袋、窖内堆摆或吊挂贮藏，入贮后则按 4 克/米^3 硫磺进行熏蒸，前 1 个月每 10 天熏蒸 1 次，以后每月熏蒸 1 次，硫磺用量为 2 克/米^3，开春 3～4 月份再增至 4 克/米^3。

（三）包装标识

1. 包装材料和容器

（1）软　包　装

①单穗包装与小包装　可缓冲预冷失水萎蔫问题，避免机械伤害、掉粒、散穗，方便贮运和销售。均为预包装，包括软绵纸单穗包裹、纸袋或果实袋单穗包装、开孔塑料（或塑料与纸，或塑料与无纺布）做成的"T"形袋、圆底袋或方形袋单穗包装（彩图 12-4）。也可将葡萄 $300\sim500$ 克装入塑料盒、塑料盘、纸盘或泡沫塑料盘，再用自黏膜或收缩膜进行裹包，还可采用真空包装（不适于长期贮藏）。

②运输用保鲜袋　采用 $0.02\sim0.03$ 毫米厚、有孔或无孔的塑料膜（袋）。通常，收获量小或有足够的预冷库容量，且运输过程能保持较稳定温度时，采用无孔袋。收获量较大时，一般用多孔袋包装后预冷，可有效防止结露及保鲜纸内二氧化硫造成的伤害。

③贮藏专用保鲜袋　采用 $0.02\sim0.03$ 毫米厚的无孔塑料膜

（袋）。长期贮藏不能用有孔保鲜袋,否则会造成葡萄严重失水萎蔫,以及因保鲜剂释放的二氧化硫在袋内保有量不足而造成果实严重腐烂变质。

（2）硬包装　硬包装包括瓦楞纸箱、塑料箱、泡沫塑料箱和木板箱,目前常用的有 2.5 千克装、3.5 千克装、5 千克装、8 千克装和 10 千克装 5 种规格。除包装箱外,还需准备木制或塑料制托盘,以便进行托盘包装,方便装卸和贮运。常见鲜食葡萄包装材料见表 5-4。

表 5-4　常见鲜食葡萄包装材料

材料类型	材料名称
硬质包装箱	塑料箱、泡沫塑料箱、纸箱
软质包装材料	塑料保鲜袋(PVC)、塑料保鲜袋(PE)、无纺布袋(折口)、无纺布袋(拉绳折口)、平泡沫网、调湿纸
保鲜剂	自动两段释放剂、自动释放片剂、保鲜纸
商标及功能标签纸	光面铜版纸、品牌商标纸、检验合格证、等级追溯码纸

2. 标识　包装容器上应注明商标、品名、等级、重量、产地、特定标志、包装日期等信息。

3. 分级　按照质量标准进行葡萄分级。有关葡萄质量的国家标准和行业标准见第六章。

4. 包　装

（1）包装方式

①装箱前内衬塑料袋　操作顺序如下:

果箱→内衬塑料袋→袋底铺塑料泡沫平网→装入修整好的葡萄→称重→塑料袋折入果箱的四周边→入贮预冷→平铺塑料泡沫平网→依次放入调湿纸、保鲜剂→封塑料袋口→码垛入贮

②预冷后外套塑料袋 操作顺序如下：

果箱→内层衬无纺布袋→袋底铺塑料泡沫平网→装入修整好的葡萄→称重→平铺塑料泡沫平网→依次放入调湿纸、保鲜剂→封无纺布袋口→封箱盖→托盘化气态处理→入库预冷→在库的走廊套袋→码垛入贮

（2）包装技术

①修整 挑选出等内果穗进行修整，剪掉烂粒、软粒、青粒（有色品种）、小粒和缺陷粒。

②装箱 单层装箱，松紧度适中。

③放保鲜剂 根据葡萄装箱量和保鲜剂类型，按保鲜剂说明要求，足量不多量地放入保鲜剂。

④塑料袋封口 根据保鲜剂种类和用量，选用绳扎口、塑料袋口卷封、塑料袋口折封或塑料胶带纸粘封。

（3）功能性标签的投放和粘贴 为商品宣传和质量追溯，可投放使用光面铜版纸或粘贴制成的品牌商标纸、检验合格证、等级追溯码标签纸等。

（4）注意事项 包装场所不准闲人入内（彩图12-5），不准吸烟、进食和饮水。

三、贮 藏

（一）葡萄质量要求

根据国家标准《鲜食葡萄冷藏技术》（GB/T 16862—2008），用于冷藏的鲜食葡萄应具有本品种的正常果形、硬度、色泽（果肉和种子颜色），并符合下列要求：①果穗新鲜完整，无病虫害侵染，无水罐子病、日灼病和机械损伤，洁净，无附着外来水分和药物残留

（严禁带有水迹和病斑的果实入库）。②果穗上的果粒应具有均匀适当的间隙，果穗太紧、果粒挤压变形的果穗不宜贮藏。③穗梗已木质化或半木质化，呈褐色或鲜绿色，不失水。④果穗达到生长发育的天数，不过早、过晚采摘。酸甜适度，汁液丰富，口感鲜美，具有一定的香气，无异味、苦味等。⑤果肉达到品种应有的果肉质地，抗压耐挤，果皮中厚，不易裂果。无籽或种子较少，可食率高，种子易与果肉分离。⑥果粒与果梗连接牢固，装卸运输不易脱粒。⑦采收后保鲜期长，贮藏效果好，货架寿命较长等。部分品种的理化指标参见表5-1。

（二）库房要求

1. 冷库与冷藏设备

（1）冷藏库的建造

①隔热层　隔热材料可选用聚苯乙烯板和聚氨酯（板或喷涂）两种材料。隔热材料密度，聚苯乙烯为18千克/米^3，聚氨酯（板或喷涂）为35～40千克/米^3。隔热材料厚度：聚苯乙烯（彩钢）板为10～20厘米，聚氨酯彩钢板（或喷涂）为10～15厘米。建造方式：可选用聚苯乙烯或聚氨酯彩钢板，严密对接锁合钩挂安装；聚苯乙烯板单层或双层错缝墙上粘贴或聚氨酯墙上直接喷涂；聚苯乙烯板墙上粘贴和聚氨酯聚苯乙烯板上喷涂混合使用型。

②制冷机组　可选用氟利昂机组或氨机组。氟利昂机组可选择一库一机组或多库并联机组。制冷量应在适宜制冷量基础上加15%安全系数。

③自控系统　选择精准电脑控温仪表，精度为0.1℃可调。

④冷库门　可选用推拉门和平移门，大型冷藏库应选用可自控自动平移门，冷库门要设有挡冷、热气流交换的装置，如棉门帘、塑料条、冷风幕等。大库的库门至少要设塑料条，与冷风幕结合更好。

（2）温度均布冷藏库的建造

①保鲜库库体设计

第一，阻隔墙体。满足隔热和防潮要求，将库内外的热量、气体、潮气交换量降至最低。

第二，夹套二重壁结构。将蒸发器置于二重壁结构的夹套中，通过多风机均布阻隔缓冲层，限量风速，形成均匀的和缓细风与保鲜产品接触，然后利用特殊结构的回风再返回夹套二重壁内。为实现冷空气均布，可采用石膏微孔板、塑料微孔板、铝板微孔板或微孔纤维布进行微孔布风。

第三，使用蓄冷板。将蓄冷板作为二重壁内壁，以便在制冷机停止运行、蒸发器除霜、冷藏库维修或短期停电等不制冷间隙，始终向贮藏库提供冷源，以保持贮藏库温度的稳定。

②制冷设施设计

第一，新型变频制冷方式。安装变频器调控制冷压缩机，当其工作至库温，接近设定温度时，自动进入低频、低速运转状态，并不断向贮藏库提供少量冷气，以克服普通制冷方式蒸发器不连续运转、严重结霜与加热除霜造成库内温度波动的问题。

第二，压缩机变频制冷。利用电子膨胀法进行制冷剂流量调节，利用风扇变速进行热交换能力调节。

第三，高精度温度传感器。传感器温度传感精度、温控器显示、控制分度值均可精确到 0.1℃，在循环风机的区域内形成不超过 0.2℃的温差。

第四，单/双套制冷机组双套蒸发器。设置双套制冷机组双套蒸发器或单套制冷机组双套蒸发器运行，使一套蒸发器除霜时，另一套蒸发器仍在进行制冷工作，以减少库内温度波动。

2. 预冷库与预冷设备　根据空气流速和冷空气与产品接触情况，鲜食葡萄预冷分为冷藏间预冷、差压预冷和隧道预冷 3 种方式。

（1）冷藏间预冷　应用最普遍。在冷却室里，空气通过与箱子长轴平行的通道排出。通过包装材料和通风设备的涡旋作用将冷空气渗透到葡萄里,完成热量传递。预冷要求满足以下条件:包装箱对齐,以使空气通道畅通无阻;空气流速不低于 0.508 米/秒;室内每立方米提供低于 1℃空气的速率不小于 50 米^3/小时。冷藏间预冷分为普通冷库预冷和专用预冷库预冷两种。普通冷库制冷量一般在 75～100 千卡/米^3,降温速度慢,一次预冷的葡萄不能太多。专用预冷库制冷量一般在 100～300 千卡/米^3,降温速度快,一次预冷的葡萄量可大幅增加。

(2)差压预冷 在强制通风预冷中,冷空气必须从葡萄箱一面进入,穿过葡萄,从另一面排出。通常包装箱都是排好的,以保证空气在返回冷冻设备表面之前从包装箱内部穿过。如果差压预冷的空气流速达到 4 米/秒,其预冷所需的时间可能只有冷藏间预冷的 1/8。空气流速若高于 5 米/秒,则会损伤葡萄及其包装用纸。采用差压预冷(彩图 12-6),每库可同时装 2 个差压预冷单元,每个单元为 4 个托盘长(4～5 米),每侧 1 个托盘宽(约 1 米),高度约 2.8 米。每个单元一次预冷量约 5 吨,整库可一次性预冷葡萄 10 吨左右。

(3)隧道预冷 隧道是用砖或金属板建成的狭长的长方体隔热房间,空气流速为 60～360 米/分。该方式冷却速度大于冷藏间预冷,配合适当的码垛,可使冷空气更易进入垛内,其冷却效果更好,温度更均匀。目前,新疆建设兵团农五师八十九团所建隧道预冷设施(图 5-1),长 35～50 米、宽 5.6 米,进货口宽 3.6 米、高 3.8 米,分上下两层辊轴传送带,每层辊轴横向 3 个间隔;每个间隔可一次并排摆放 3 个 0.37 米的泡沫箱,传送带可调速;第一层距地面 0.4 米,第二层距地面 2 米,第一层距第二层 1.6 米,每层上部设冷风机,冷风机下部距传送带 1 米。

图 5-1　鲜食葡萄隧道预冷装置

（三）入库要求

1. 栽培地块生产巡查　贮前要对各栽培地块的葡萄生产情况进行巡查。巡查从采前 15～20 天开始,对葡萄园各地块的病虫害发生程度、产量和葡萄基本质量做出评估,并了解葡萄采收前的灌水和降雨情况。良好的巡查登记,可以为采收时间和贮期长短的确定提供依据。

2. 葡萄质量检测　针对拟贮藏的各葡萄品种,制定采收质量与分级标准。按等级标准装箱。葡萄在分级包装过程中和交货时均应进行质量检测。葡萄贮藏过程中,每隔一定时间都要进行质量抽检,以确定葡萄贮藏品质的变化情况,并根据葡萄贮藏品质变化情况适时安排销售。受降雨影响大的葡萄应率先出库销售。

3. 葡萄预冷

(1)掌握果实冰点温度　葡萄果实由果粒和果梗构成,果粒可溶性固形物含量高,果梗可溶性固形物含量低。一般果粒冰点为 $-3.5℃ \sim -2℃$(可溶性固形物含量在 $15\% \sim 21\%$),果梗冰点为 $-1℃$,因此果实预冷温度最低仅能达到 $-1℃$。

（2）调节预冷库温   葡萄最适预冷库温度为 $-2℃\sim0℃$，不会发生冻害。为加快果实降温、抵消包装影响，有时可将预冷库温度降至 $-4℃\sim-3℃$，但一旦果温降至 $-1℃\sim0℃$，就应将这批果实倒入 $-2℃\sim0℃$ 贮藏库，或者入贮下一批需预冷的葡萄，以免果温降至 $-1.5℃$ 以下。当在同一冷库既预冷又贮藏时，一旦整库葡萄预冷完毕，就应将库温立即回调至 $-2℃\sim0℃$。

（3）最好选定专用预冷库间   选定专用预冷库间，预冷温度设定为 $-2℃\sim0℃$。当果温达到 $-1℃\sim1℃$ 时，便将该批葡萄倒入专用贮藏库间。当葡萄收获集中且量大时，初期可设定多个预冷库。

（4）1 天入库量

①专用预冷库间   专用预冷库间包括专建预冷库间和普通冷藏库。专用预冷库间 1 天入库量可为总库容的 $20\%\sim25\%$，而普通冷藏库间 1 天入库量可为总库容的 $10\%\sim15\%$。

②混合库间   预冷和贮藏使用同一个贮藏库间时，前期入库量每天不超过库容的 15%，当入贮量达到一半后，后期每天入库量不超过库容的 8%。

（5）把握预冷终温   当果温达到 $-1℃\sim1℃$ 时，即可进入正常贮藏阶段。预冷后垛内葡萄最热部位温度不能高于 $1℃$。

（6）把握预冷时间   影响预冷速率的因素包括果实初始温度、果粒大小、每次入库量、包装形式、包装大小、码垛方式、果库的初始设定温度等。通过测定果温、箱内温度，并结合经验，综合确定预冷时间。

①大粒品种（如红地球葡萄）   从采收至开始预冷的时间：8 月下旬至 9 月上旬采收的葡萄不超过 4 小时；9 月中旬至 10 月上旬采收的葡萄不超过 6 小时；8 月下旬至 9 月上旬采收，气温较高，预冷时间应适当延长，宜控制在 $24\sim36$ 小时。9 月中旬至 10 月上旬采收，此时气温已下降，预冷时间可适当缩短，宜控制在

12～24 小时。停雨几天后采收,预冷时间应选择高限,即 8 月下旬至 9 月上旬采收,预冷时间在 36～48 小时;9 月中旬至 10 月上旬采收,预冷时间在 24～36 小时。

特别提示:最好固定 1～2 间专用预冷库。高温时段宜将预冷库温降至 -4℃～-3℃,预冷时间可选择最低限。8 月下旬至 9 月上旬采收的,预冷时间选择在 24 小时左右。9 月中旬至 10 月上旬采收的,预冷时间选择在 12 小时左右。

②中小粒品种　中小粒葡萄预冷速度快,预冷时间可确定为大粒品种的 50%～70%。

(7)预冷方式

①非托盘化码垛预冷　一是敞口。塑料袋衬里装箱的葡萄,实行敞口预冷,包装箱中的保鲜膜口顺包装箱四周边缘全部平伸下挽,以免热空气在皱褶处结露。非塑料袋衬里装箱的葡萄,直接预冷。二是码垛。运输到冷库的葡萄箱按照指定位置堆码。堆码高度控制在 2 米以下,每 2 行葡萄箱堆码在一排,每排中间留出 50 厘米的通风道。排的方向与冷风机吹风方向一致。

②托盘化码垛预冷　一是敞口:同上。二是码垛:采用无架预冷时,将葡萄托盘按指定位置放好,堆码高度为 1 个托盘高,宽度为 1 个托盘宽,排中间留出 50 厘米宽的通风道,排的方向与冷风方向一致。采用有架预冷时,将葡萄托盘按照指定位置在高架上放好,堆码按货物隔行隔排放入,排与行的方向与冷风机吹风方向一致。

(8)套袋和封袋口

①混合库　对预冷和贮藏在同一库间的葡萄,预冷后要确认保鲜剂已放入,然后封袋口。

②专用库　对于预冷和贮藏不在同一库间的葡萄,即分别设有专用预冷库和贮藏库时,葡萄预冷后需从预冷库移入贮藏库,采用库内封袋口或库外套袋封袋口。

（9）贮藏管理　正常贮藏管理程序即可。

（四）贮藏技术

1. 冷藏库温度管理

（1）冷库检修　葡萄入贮前,要对冷库、制冷机组和电力进行检修,确保入贮期间和贮藏期间不发生严重的制冷和电力故障。

（2）控温仪校对　保温杯内放入冰水混合物（冰∶冷水＝1∶1;水为饮用水）,达到平衡时的水温为 0℃。将精度为 0.1℃ 的标准气象水银温度计和制冷机传感器同时放入保温杯内的冰水中,检测制冷机控温仪的温度显示值与气象水银温度计显示值的差异,并对控温仪温度值校对,使其温度显示值为 0℃。

（3）贮温设定　根据葡萄果梗成熟度和果粒可溶性固形物含量,将制冷机控温仪温度设定为 －1℃～0℃,或 －1.5℃～0℃,或 －2℃～0℃。

（4）提前降低库温　葡萄入贮前,提前 1～2 天将冷库库温降至设定的温度。

（5）贮藏库温监测　用标准气象温度计或其他测温仪进行贮温多点监测,测温仪精度应为 0.1℃。

（6）温度黑匣子　用温度黑匣子对贮藏温度进行一次和多次隐蔽性记录。

（7）蒸发器除霜　在贮藏初期（入贮阶段）加强除霜工作,延长每次除霜时间,缩短除霜的时间间隔。贮藏中后期（9～11 月份）缩短每次除霜时间,延长除霜的时间间隔。科学设定除霜自控,包括每次除霜的时间长短和各次除霜的时间间隔。根据经验,把握好电热除霜和冷水除霜、自动除霜和手动除霜、除霜周期和除霜时间、入贮初期除霜和入贮初期后的除霜、高温季节除霜和低温季节除霜、除霜与升温等核心节点。

（8）发电机配备　在停电多发和停电时间较长的地区,应配备发电机组,一旦停电要立即启动发电机组。停电时严禁人员入库或参观。

(9)电力和制冷机故障排除 电力和制冷机应专人负责,能及时联系沟通。出现电力和制冷机组故障时,应及时排除故障,尽快恢复电力和制冷。

(10)加热防冻 寒冬时节(气温长时间低于-20℃)应注意冷库的保温和加热升温。最简单的方法是科学利用电热除霜设备适当提高库温,必要时应设专用电加热设备。防冻的最好办法是将冷藏库建在大房间的套间内。

2. 果温管理

(1)冷凉时段采收 鲜食葡萄采收最好选择露水干后的一天(较冷凉的时段)采收,避开高温时段。

(2)田间遮蔽放置 采收后的葡萄应在田间遮阴处放置,或专门搭建遮阳棚。

(3)必要时库外预贮 当采收量较大、库容较小、夜间温度较低时,可在库外过夜预贮、清晨入库,此时果实库外降温快于库内。

(4)及时入库预冷 库外温度较高时,一般大粒粗果梗品种的葡萄应在采后6小时内装入冷库,小粒细果梗品种的葡萄应在采后4小时内装入冷库。炎热季节采收时尤应重视此事。

(5)控制日入贮量 普通冷库预冷的,每天入库量应小于库容的15%,在外温和果温高时尤应严格遵守。预冷和贮藏在同一库间混用时,从开始到库容装到一半时,每天入库量不应超过8%。采用专用预冷库时,每天入库量在库容的20%左右,预冷后移入普通冷库贮藏。

(6)预冷从预冷库移入冷藏库 在普通库入贮时,最好在各冷库连接的墙壁开一扇门,以便库的专一预冷与无缝化冷藏顺序转库。采用专用预冷库预冷后转入普通冷藏库贮藏更为科学。

(7)科学预冷 即采用塑料袋衬里开袋敞口预冷或预冷后箱

外套塑料袋。根据不同品种、果粒大小、果梗粗度、外温和果温、采前降雨程度、库的装果量和码垛、外包装种类等综合确定预冷时间。一般预冷12～48小时后封袋口,封袋口时果温应降至1℃以下。

(8)温度管理　木板箱、纸箱、塑料箱和泡沫塑料箱因材质、大小和开孔不同,会造成预冷降温速度不同,因此在预冷时间、码垛间隔等方面应区别对待。例如,采用泡沫塑料箱预冷时,可适当降低库温和适当延长预冷时间。

(9)码垛间隔与通风　应码小花垛,确保箱与箱之间、垛与垛之间、垛与地面、垛与墙壁之间通风顺畅;应留有主通风道,地面放置垫板,合理码垛,以使库内和垛内各个部位温度尽可能均匀一致。

(10)蒸发器附近的防冻管理　码垛的葡萄要与蒸发器保持一定距离,必要时要在靠近蒸发器的果垛上放置塑料布、草苫、麻袋或纸板做保护,以防葡萄受冻。

(11)箱温和果温监测　设置气温和果温专用温度计,经常对箱温和果温进行监测。

(12)防止超量装载　防止单库超量装载,每库装载量应不超过库容的70％。

(13)先预冷后分选　对拟出口的葡萄、炎热天气采收的葡萄和拟长期贮藏的葡萄,应先预冷后分选。

(14)低温下分选　葡萄分选应在5℃～15℃的低温环境中进行。

(15)低温无缝对接装车　预冷车厢至15℃,将车倒至距离库门2.5米处,打开车厢门,对准库门,关冷机。

3. 冷藏库内温度均布的码垛技术

(1)不同硬包装的通风特性　硬包装包括:开孔塑料箱、开孔纸箱、开孔泡沫塑料箱和开孔木箱。开孔塑料箱和开孔木箱周边通风性能良好,纸箱和泡沫塑料箱周边通风性能不好。

(2)库内隔架设置　冷库高度一般有3±0.5米、5±0.5米和

7±0.5 米 3 种规格。第一种高度的库,库的中部不需设隔架;第二种高度的库,库的中部需设一层隔架;第三种高度的库,库的中部需设两层隔架。一般规模小的冷库隔架可自制,焊好金属支撑架,放好木板或竹片叠层板即可;大型冷藏库的隔架,需使用标准化的工业化货架,不需要隔板,架构应适合葡萄托盘放置,架间距在 2 米左右。

(3)码　垛

①普通码垛　一是入库要求。根据不同包装箱,合理安排垛位、堆码形式、堆码高度、垛码排列方式,堆码走向和间隙应与库内空气环流一致。按品种、收获入贮时间和等级分开码垛。为便于垛内空气环流和散热降温,贮藏密度应不超过 250 千克/米^3。为避免垛底压挤造成伤耗,包装箱应选择双楞牢固的硬纸箱、木箱、塑料箱和泡沫塑料箱,必要时在垛内一定高度放置胶合板隔板。二是花垛规格。每小花垛长、宽、高分别为 2～3 米×3～4 米×1.5～2 米,小花垛间隔 0.3～0.5 米(图 5-2)。三是垛位要求。垛内包装箱间距 0.01～0.02 米,垛侧距墙面 0.15～0.25 米,垛底距地面 0.08～0.15 米(托板衬垫),垛顶距库顶不小于 0.5 米。垛位距冷风机不小于 1.5 米,垛内通道宽 1～1.2 米。垛

图 5-2　鲜食葡萄留隙通风码垛

与垛间距 0.3～0.5 米。

②托盘码垛　先将单箱葡萄进行托盘化,然后用叉车码在工业化货架上。在单箱托盘化时,要用"T"形和"十"字形隔物将箱子隔开,以利通风。

4. 鲜食葡萄贮运中的防结露技术　无论结露发生在贮运过程还是贮运之前的原料供给过程,结露都会影响鲜食葡萄的贮运效果。特别是长期贮藏和远距离运输,影响尤其大,甚至会造成果实严重腐烂。

(1)结露的原因　结露首先标志着该处的空气湿度极高,也标志着贮运环境存在着较大温差的冷热界面。防止出汗或结露的原则就是设法消除冷热界面或尽量缩小冷热界面的温差。

(2)结露的表现

①田间葡萄结露　如果白天葡萄园保持较高的高温和高湿环境,且该环境比较封闭,那么当夜晚来临时,葡萄架外的温度就会快速降低,使葡萄架内外形成较大的冷热界面,从而使清晨的葡萄果实界面结露。

②带田间热高的葡萄入贮后结露　若气温很高时采收葡萄,则果实温度很高,带入库中的田间热也比较多。因入贮前的库温已降至很低($-1℃\sim0℃$),而高果温($25℃\sim35℃$)葡萄入库后,会很快在葡萄果实表面形成露水。

③低温葡萄移入高温环境后结露　冷库或冷藏车贮运的葡萄($-1℃\sim0℃$)在出库或出车移入高温后,会很快使葡萄周围的空气温度降到露点温度以下,水分从空气中吸出,从而在葡萄果实上形成露水。

④塑料袋结露　葡萄用塑料薄膜封闭贮藏时,薄膜内侧总有水珠凝结。塑料薄膜封闭贮藏时,内部因有葡萄的呼吸热,温度总是比外部要高,湿度也高。因封闭薄膜正处在冷热的交界处,所以薄膜内侧总会凝结一些水珠;内外温差越大,凝结的水珠也

越大、越多。若装入塑料袋或塑料帐内的葡萄不经过降温,或果实未降到贮藏要求的温度就把袋子或塑料帐子封闭,最容易产生结露。

⑤贮藏场所因温度波动出现的结露　虽然入贮初期塑料袋和帐内外已不存在明显温差,但因库体隔热不好、电力不足造成较长时间停电、电器元件和制冷机械出现故障而未及时修复、贮藏温度设定的上下限范围太宽、同一贮藏库既预冷又贮藏且一次性入库量太多,都会使贮藏场所温度有较大波动。具体表现为库内温度先升高,之后袋内和帐内温度升高,但因袋外和帐外温度在恢复制冷时温度降得快,而袋内和帐内温度降得慢,从而造成塑料膜的冷热界面出现,使塑料袋和塑料帐内侧产生结露。

⑥垛、帐或箱规格太大造成的结露　码垛、塑料帐或单箱规格太大会造成垛、帐或箱的中部气温高,且容纳了较多的水分,而垛、帐和箱的周围因接近贮藏库的冷空气而降温较快。这就造成垛内、帐内和箱内温度高于垛表面、帐表面和箱表面温度,即垛、帐和箱产生内外温差。而且垛、帐和箱内空气的湿度也较高,一旦垛、帐和箱内较温暖湿润的空气移动到垛、帐和箱的表面,就容易达到露点而产生出汗或结露现象。

(3)结露的危害　结露处空气湿度极高,特别是附着在或滴落到葡萄表面的液态水,十分有利于微生物孢子的传播、萌发和侵入。结露必然导致腐烂损失的增加,有时还会导致葡萄因保鲜剂释放过快而发生二氧化硫伤害。

(4)防止结露的方法

①选择适宜的采收时间　在晴天无风或早晨露水晾干后进行采收,忌在雨天、雨后、灌水或炎热日照下采收。

②双温预冷或延长预冷时间　为避免高温果入贮,可选择一天的冷凉时间采收。若不得不在某天高温时段采收,则可采用双温预冷,第一阶段在 10℃～15℃ 的预冷库预冷,第二阶段移

入−2℃～0℃的预冷库预冷。如果采用较低温度单温预冷,那么只能延长预冷时间,等到露水彻底干后再将塑料袋封口。

③逐步升温或多重保护 出库时需要重新整理和包装的葡萄,应在符合货品保存温度或在15℃以下场所迅速进行作业,以免货品表面因温度升高而产生冷凝水。运输结束后,卸货区的作业应迅速,作业宜在15℃以下场所进行,以维持货品温度,避免其表面产生冷凝水。葡萄从低温环境移入高温环境应采用逐步升温措施,移入高温后立即进行多层塑料膜保护,装卸货品时冷藏车与冷库缓冲部位应采用密封对接。

④防止塑料袋结露 在装入或封闭塑料帐袋之前,要对葡萄进行预冷并使葡萄果温达到或接近贮藏要求的温度。最好在葡萄预冷后外套塑料袋,并提前将塑料袋放入冷库冷却。若采用内衬塑料袋装箱,则要实行敞口预冷,预冷时包装箱中的保鲜膜口应顺包装箱四周边缘全部平伸下挽,以免热空气在褶皱处结露。

⑤防止贮藏场所温度波动 要建造好冷藏库的隔热层。为预防多次和长时间停电,还应配备发电机。及时排除电器和制冷机械出现的故障。设定较窄的控温范围。建设专用预冷库或调整入库预冷葡萄的数量。

⑥合理设计垛、帐和箱规格 避免采用大垛、大帐和大箱,以防造成较大的表面和内部温差。托盘码垛箱间要留有缝隙。

5.温、湿度的档案记录 建立温度和湿度控制方法与基准,视需求随时检查和记录。

(五)真菌病害防控

葡萄灰霉病是葡萄贮运过程中的主要真菌病害,是葡萄贮运防控的关键。灰霉菌在−0.5℃温度下仍可生长,是鲜食葡萄贮藏中的毁灭性病害。葡萄对此菌抵抗力很弱,各品种皆易感染。灰霉病在葡萄种植园也时有发生,易在葡萄被侵染部位形成青色菌核,菌核在干燥或不利的条件下会长期存活,在潮湿条件下则会萌发产生大量灰色孢子,孢子能侵染幼芽、花和浆果。

1. 病原菌 灰葡萄孢霉(*Botrytis cinerea Pers.*)属灰葡萄孢属、半知菌亚门丝孢纲。子实体灰色,老熟后灰褐色。分生孢子梗成丛地从菌丝体或菌核上长出,呈树状分枝,分枝末端稍膨大,其上簇生分生孢子。孢子近球形或卵形,无色,单胞。有时还形成球形无色单胞,直径仅 3 微米。

2. 症状 灰霉病侵染早期,果皮有明显裂纹,腐烂仅限于葡萄表皮和亚表皮细胞层,轻轻一压即可使果皮脱离染病部位。随后,在果皮开裂处形成灰色分生孢子梗和孢子。果实腐烂后呈现明显的水渍状斑,随后变为褐色。在潮湿条件下,腐烂部位表面产生淡色、浅灰色或褐色柔绒状霉层。冷藏期间若不使用防腐保鲜剂,该病会蔓延扩散至包装箱内所有葡萄。

3. 传播途径及发病条件 灰霉菌常潜伏侵染:一是在花前和花期侵染葡萄开花的柱头,潜伏在坏死的柱头和花柱组织中,直到果实成熟和贮藏过程中病菌才生长发展。二是在接近葡萄成熟时侵染,病菌在葡萄表面角质层内形成附着孢,形成潜伏侵染,直至浆果完全成熟才萌发致病。三是灰霉孢子通过伤口侵入浆果的角质层和表皮层。灰霉病菌主要以菌核和分生孢子在病果、病株等病组织残体中越冬,分生孢子借气流传播。对于多年用于贮藏葡萄的冷库,贮前若不进行消毒,极易使葡萄在敞口预冷期间受到侵染。花期侵染后,除巨峰等品种表现为烂花序外,多数品种均呈潜伏侵染,直至果实成熟期才表现症状,即"三次侵染、二次表现"。

4. 防治方法 灰霉病是葡萄在田间和贮藏中的易感病害,其防治必须从田间做起。

(1)采前防控 一是加强栽培管理,多施有机肥,增施磷肥,控制速效氮肥使用量,防止枝条徒长。二是合理修剪,保持园内通风透光。开花前和果实采收前进行药剂防治,可选用45％噻菌灵悬浮剂4000~4500倍液,或50％异菌脲可湿性粉剂1500倍液,或50％苯菌灵可湿性粉剂1500倍液。三是葡萄坐果后,对果穗全面喷布1次杀菌剂并立即套袋,实施物理隔绝。四是用于贮藏的葡萄,在采收前2~3天喷1次CT果蔬液体保鲜剂或葡萄采前涂膜剂,以减少入贮葡萄带菌量。五是葡萄采收后,结合秋季修剪,将葡萄架下的病组织残体(如病果、病枝、病叶等)清扫干净,集中烧毁或深埋。

(2)采后防控　选择耐藏品种。避免对果实造成机械损伤。入贮装箱前剔除病果、浆果、烂果。搞好贮藏场所和用具的消毒灭菌。控制好贮藏期间的温度、湿度和气体配比。搞好保鲜包装。用好防腐保鲜剂(以二氧化硫效果最好)。

四、运　输

(一)质量要求

葡萄运输包括国内运输和国际运输。由于国内运输距离和时间短,因此对葡萄可溶性固形物含量的要求可降至13％~15％。而国际运输距离和时间长,其对葡萄质量的要求与长期贮藏相同。

(二)卫生要求

核实运输车辆车厢内外情况。确保厢壁、顶、通风窗和地板均无影响气密性的裂缝和伤痕,厢体内地板和壁无凸出的金属铆钉、扣钉。用水、洗涤剂和消毒剂将厢体内外洗刷干净。车厢内应干燥、无异味。排水口、通风口及其开关装置状况良好。车厢门的机械开关装置状况、衬垫物的密封性均应保持良好。空气循环通道应完全畅通。

（三）堆码要求

码垛的好坏直接影响着车厢内的空气循环，从而影响货物的温度管理。

1. 合理码垛的依据　新鲜葡萄运输时的码垛既要保证包装和货物不受运输工具运动引起的外力影响，又要保证空气在运输环境各部位的正确循环。根据下列基本要素选择合适的码垛方式：①预计的运输持续时间及条件；②产品物理特性，包括形状、密度和机械强度；③包装容器的特性，包括重量、大小、对力的抗性、透气性、吸湿性等；④是否采用了托盘；⑤运输期间的调控应考虑新鲜葡萄的采后生理要求及装货时的温度情况。

2. 合理码垛的一般要求　葡萄的码垛必须做到：①货物必须在达到保藏要求的温度之后再装入运输工具；②货物必须均匀地分配在地板、挂钩、特制货架及其他类似的设备上；③运输时运输工具的车厢门应密闭。

葡萄贮运过程中的代谢活动会释放热量和气体，而空气循环可清除货物释放的呼吸热，缩小货物间的温差。可使用外角加厚的包装箱或在装有货物的包装箱间插入专门的"T"形和"十"字形垫物，拉开箱与箱间的距离，以确保货物码垛后能使货垛内外进行空气交换。

3. 包装容器的强度要求　包装应便于葡萄贮运，能防止来自货物自重以及运输工具运动对货物产生的影响。码垛应非常精确，以免造成运输期间货物移位。纸板箱底部周边部位和盖子应能够承受重压。

4. 货物的封锁固定　运输期间包装容器如发生位移，可能引起包装容器受到破坏，使产品受到损伤；还可能引起空气通道阻塞，影响葡萄保鲜。因此，包装容器应与运输工具构成一个整体。

如果包装容器间或包装容器与运输工具厢壁之间存在自由空间，那么必须安置缓冲、固定、抗风和维持间隔的构造，以防包装容器位移。下面介绍两种情况：一是为了空气循环专门在垛内留有空间。缓冲衬垫物必须尽可能地透气，即不能堵塞空气通道。可垂直和对角线放置隔片和隔条，或将托盘靠着车厢壁放置。二是空气不需要在自由空间循环。可使用不透气材料作缓冲衬垫物，如垫子、瓦楞纸板、几厘米厚的塑料板或胶合板等。若以不同批次，在不同时间和不同地方装卸，每批货物应单独封锁固定。

（四）运输要求

葡萄在流通贮运中要根据其特点提供适宜的条件，即要求快装、快运、快卸；轻装、轻卸；防热、防冻、防晒、防淋。葡萄贮运要特别注意预冷、码垛和空气循环（图 5-3）。

图 5-3 鲜食葡萄集装化冷藏运输车

1. 安全运输、快装快运 葡萄是鲜活易腐农产品，需要优先调运，不能积压、堆积；在整个贮运过程中要防热、防冻、防晒、防雨淋。为保持葡萄商品价值、延长货架期，应尽可能满足葡萄最适贮运条件和环境要求。不能立即调运的葡萄，应在车站码头附近选择条件适宜的库房暂存、中转。

2. 精细操作、文明装卸 野蛮装卸运输是葡萄损失的最直接因素。葡萄质地鲜嫩,更需要精细操作,应做到轻装、轻卸,杜绝野蛮装运。

3. 环境适宜、防热防振 葡萄运输中,应根据品种特性,提供适宜的温度、湿度、气体成分等运输条件,避免过度振动和撞击,以防品质劣变和败坏。运输温度过高,会引起葡萄呼吸加剧,营养物质消耗增多,病虫害蔓延,腐败变质加速。温度过低则易产生冻害。温度不适也易导致葡萄失重、失鲜,甚至腐败变质。

4. 合理包装、科学堆码 运输过程使葡萄处于动态不平衡状态。因此,必须科学合理地包装和堆码。包装材料和规格应与产品相适应,做到牢固、轻便、防潮,利于通风降温和堆垛。通常葡萄可采用"品"字形、"井"字形装车堆码,篓、箩、筐多用筐口对扣法使之稳固安全,以利于通风和防倒塌,也能经济利用空间、增加装载量。

5. 实时监控、准确判断 通过葡萄运输中动态温度、湿度、气体成分等关键技术指标的实时监测控制,以及短信报警、数据记录与贮存分析等,建立在途葡萄品质状态评价数学模型,对剩余保鲜期、近期销售、中转流通、延期销售、货架期预测等做出准确判断。通过对原运输过程的品质质量指标信息分析,以及品质指标(如硬度、可溶性固形物含量、可滴定酸含量)、微生物指标的测定,结合未来流通要求,准确制定中转贮藏、短期贮藏的技术方案和技术条件。

第六章

我国对葡萄和葡萄干的质量安全要求

葡萄和葡萄干质量安全要求主要包括质量要求和安全要求两个方面。其中，质量要求包括外观品质、内在品质和理化品质3个方面，安全要求包括污染物含量和农药残留两个方面。

一、质量要求

我国已制定10项有关葡萄和葡萄干质量要求的国家标准和行业标准，在葡萄和葡萄干生产与流通中可资选用。10项标准分别为国家标准《无核白葡萄》（GB/T 19970—2005）、《地理标志产品　吐鲁番葡萄》（GB/T 19585—2008）和《地理标志产品　吐鲁番葡萄干》（GB/T 19586—2008），农业行业标准《无核白葡萄》（NY/T 704—2003）、《冷藏葡萄》（NY/T 1986—2011）、《农作物优异种质资源评价规范　葡萄》（NY/T 2023—2011）和《无核葡萄干》（NY/T 705—2003），以及国内贸易行业标准《预包装鲜食葡萄流通规范》（SB/T 10894—2012）、《浆果类果品流通规范》（SB/T 11026—2013）和《干果类果品流通规范》（SB/T 11027—2013）。

（一）无核白葡萄

1. 国家标准　执行国家标准《无核白葡萄》（GB/T 19970—

2005)。该标准 2005 年 11 月 4 日发布,2006 年 11 月 1 日实施,适用于无核白葡萄的生产、加工与销售。其感官指标(表 6-1)和理化指标(表 6-2)如下。

表 6-1　无核白葡萄感官指标

指　标	特　级	一　级	二　级
果　面	新鲜洁净		
口　感	皮薄肉脆、酸甜适口、具有本品特有的风味、无异味		
色　泽	黄绿色	黄绿色和绿黄色	
紧密度	适　中	较适中	偏松、偏紧

表 6-2　无核白葡萄理化指标

指　标	特　级	一　级	二　级
粒重(克)	≥2.5	≥2	≥1.5
穗重(克)	400～800	≥300	≥250
可溶性固形物(%)	≥18	≥16	≥14
总酸含量(%)	≤0.6	≤0.8	≤1
整齐度(%)	≤20	≥20	
异常果(%)	≤1	≤2	≤3
霉烂果粒	无		

注:整齐度是指单穗、单粒的重量与其平均值的误差,小于 20% 为整齐,大于 30% 为不整齐;20%～30% 为比较整齐。

2. 农业行业标准　执行农业行业标准《无核白葡萄》(NY/T 704—2003)。该标准 2003 年 12 月 1 日发布,2004 年 3 月 1 日实施,适用于无核白葡萄鲜果。其外观指标(表 6-3)和理化指标(表 6-4)如下。而对于葡萄的容许度:各等级允许有 5% 的容许度,但其应达到下一等级的要求。二等不允许有腐烂果和水罐子果。

表 6-3　无核白葡萄等级质量外观指标

指　标	优　等	一　等	二　等
果　面	新鲜洁净		
穗　形	完　整		
色　泽	正常、均匀		
整齐度	整　齐	比较整齐	比较整齐
紧密度	适　中	紧密、适中	紧密、适中
缺陷果率(％)	≤3	≤5	≤5
脱粒(％)	≤4	≤6	≤10

注：缺陷果中不得有腐烂果和水罐子果。

表 6-4　无核白葡萄等级质量理化指标

指　标	优　等	一　等	二　等
果粒质量(克)	≥4	≥3	≥1.6
小果粒率(％)	≤10		
果穗质量(克)	≥500	≥350	≥200
小果穗率(％)	≤10		
肉　质	脆		
可溶性固形物(％)	≥22	≥20	≥18
总酸(％)	≤0.7	≤0.8	≤0.9
固酸比	≥30	≥25	≥20

（二）地理标志产品吐鲁番葡萄

执行国家标准《地理标志产品　吐鲁番葡萄》(GB/T 19585—

2008）。该标准 2008 年 6 月 25 日发布,2008 年 10 月 1 日实施,适用于国家质量监督检验检疫行政主管部门根据《地理标志产品保护规定》批准保护的吐鲁番葡萄。其感官指标(表 6-5)和理化指标(表 6-6)如下。

表 6-5　地理标志产品吐鲁番葡萄感官指标

指　标	特　级	一　级	二　级
穗形和果形	具有本品种固有的特征		
果　面	新鲜洁净		
色　泽	黄绿色	黄绿色和绿黄色	
口　感	皮薄肉脆、酸甜适口、具有本品种特有的风味,无异味		
整齐度	整　齐	比较整齐	
紧密度	适　中	紧、适中或松	
异常果	≤1%	≤2%	
霉烂果粒	无		

表 6-6　地理标志产品吐鲁番葡萄理化指标

指　标	特　级	一　级	二　级
粒重(克)	≥2.5	≥2.0	≥1.5
穗重(克)	500～800	≥300	≥250
可溶性固形物(%)	≥20	≥18	≥16
总酸(%)	≤0.6	≤0.7	≤0.8

（三）冷藏葡萄

执行农业行业标准《冷藏葡萄》(NY/T 1986—2011)。该标准 2011 年 9 月 1 日发布,2011 年 12 月 1 日实施,适用于冷藏的红地球、巨峰、玫瑰香葡萄。其感官指标(表6-7)和理化指标(表6-8)如下。

表6-7 冷藏葡萄感官指标

项 目	葡萄品种		
	红地球	巨峰	玫瑰香
外 观	清洁,无非正常外来水分		
风 味	基本具有本品种固有的风味,无异味		
色 泽	红或紫红	蓝黑或黑色	红紫或黑紫
果穗整齐度	整 齐	整 齐	较整齐
果穗紧密度	中等紧密或较松散	中等紧密	松 散
果粒均匀度	均 匀	均 匀	较均匀
果粒质地	饱满,果粒硬,无软果粒	饱满,果粒硬度适中,无水罐果	饱满,果粒硬度小,无水罐果
果实漂白(%)	≤2	基本无	基本无
落粒(%)	≤1.5	≤5	≤3.5
穗梗干枯(%)	≤10		
果梗干枯(%)	≤5		
裂果(%)	≤1		
果面缺陷、腐烂(%)	≤5		

表6-8 冷藏葡萄理化指标

时 间	葡萄品种	可溶性固形物(%)	可滴定酸(%)
采收时	红地球	≥16	≤0.55
	巨 峰	≥14	≤0.65
	玫瑰香	≥17	≤0.55

续表 6-8

时 间	葡萄品种	可溶性固形物(%)	可滴定酸(%)
	红地球	≥14	≤0.50
出库时	巨 峰	≥13	≤0.60
	玫瑰香	≥15	≤0.50

（四）预包装鲜食葡萄流通规范

执行国内贸易行业标准《预包装鲜食葡萄流通规范》(SB/T 10894—2012)。该标准 2013 年 1 月 4 日发布,2013 年 7 月 1 日实施,适用于预包装国产鲜食葡萄的经营和管理。

1. 商品质量基本要求 具有本品种固有的果形、大小、色泽（含果肉和种子的颜色）、质地和风味;具有适于市场销售的成熟度;果穗、果形完整良好,无异味,无不正常的外来水分;主梗呈木质化或半木质化,并呈褐色或鲜绿色,不干枯、萎蔫。

2. 商品等级 在符合商品质量基本要求的前提下,同一品种的鲜葡萄依据新鲜度、完整度、果穗重量、果粒重和均匀度分为一级、二级和三级,各等级要求见表 6-9;果粒重平均值参见表 6-10。

表 6-9 预包装鲜食葡萄等级

指 标	一 级	二 级	三 级
新鲜度	色泽鲜亮,果霜均匀,表皮无皱缩,果梗、果肉新鲜	色泽鲜亮,表皮无皱缩,果梗、果肉新鲜	色泽较好,表皮可有轻微皱缩,果梗、果肉较新鲜
完整度	穗形统一完整,无损伤;果霜完整、无果面缺陷	穗形完整,无损伤;同一包装件内,果粒着色度良好,果霜完整,缺陷果粒≤8%	穗形基本完整;果粒着色度较好,果霜基本完整,缺陷果粒≤8%

续表 6-9

指 标	一 级	二 级	三 级
果穗重量（千克）	0.5～1	0.3～0.5	＜0.3 或＞1
果粒重	同一包装中果粒重应≥平均值的15%	同一包装中果粒重应≥平均值	同一包装中果粒重应＜平均值
均匀度	颜色、果形、果粒大小均匀	颜色、果形、果粒大小较均匀	颜色、果形、果粒大小尚均匀

表 6-10　各品种鲜食葡萄的平均果粒重

品 种	平均果粒重（克）	品 种	平均果粒重（克）
巨 峰	10	牛 奶	7
京 亚	5.5	红地球	12
藤 稔	15	龙 眼	5
玫瑰香	4.5	京 秀	6
瑞必尔	7	绯 红	9
秋 黑	7	无核白	5.5
里扎马特	8		

（五）浆果类果品流通规范

执行国内贸易行业标准《浆果类果品流通规范》(SB/T 11026—2013)。该标准2013年6月14日发布,2014年3月1日实施,适用于葡萄、草莓、猕猴桃、火龙果、蓝莓、无花果、杨桃、枇杷等浆果类果品的流通,其他浆果类果品的流通也可参照执行。

1. 商品质量基本要求　达到浆果类果品作为商品所需的成

熟度,具有该品种固有的色泽、形状、大小等特征。果面洁净,果体完整,无腐烂、病虫害、病斑和明显的机械伤。带果柄时,果柄剪截后的长度不超过果肩,且切口平整无污染。

2. 商品等级　浆果类果品依据成熟度、新鲜度、完整度和均匀度分为一级、二级和三级,各等级要求见表6-11。

表6-11　浆果类果品等级

指　标	一　级	二　级	三　级
成熟度	发育充分,果实饱满,果皮结实,肉质新鲜多汁	发育较充分,果实较饱满,肉质较新鲜。果皮较结实,允许有轻微皱缩或裂口	发育较充分,果实较饱满,允许肉质有轻微萎蔫。允许果皮变软、有明显皱缩或明显裂口
新鲜度	果皮有光泽,果肉细腻,口感新鲜,汁多,无异味	果皮稍有光泽,果肉较细腻,口感新鲜,无异味	果皮光泽不明显,口感正常,肉质偏软,无异味
完整度	果形无缺陷,果皮无机械损伤	允许果形和颜色有轻微缺陷;果皮有缺陷,但面积总和不超过总表面积的3%,且不影响果肉	允许果形和颜色有缺陷;果皮有缺陷,但面积总和不超过总表面积的10%,且不影响果肉
均匀度	果形端正、颜色、大小均匀,同一包装中单果重差异≤5%	果形端正、颜色、大小较均匀,同一包装中单果重差异≤10%	果形端正、颜色、大小尚均匀,同一包装中单果重差异≤15%

（六）葡萄优异种质资源

执行农业行业标准《农作物优异种质资源评价规范　葡萄》(NY/T 2023—2011)。该标准2011年9月1日发布,2011年12月1日实施,适用于葡萄优异种质资源评价。葡萄优良种质资源品质指标（表6-12）和葡萄特异种质资源品质指标（表6-13）如下。

表6-12 葡萄优良种质资源品质指标

性 状	指标（参照种质）
全穗果粒大小整齐度	整齐（维多利亚）
全穗果粒成熟一致性	一致（维多利亚）
可溶性固形物（%）	酿酒种质＞21（赤霞珠）；鲜食种质＞16（巨峰）
果肉香型	玫瑰香味（玫瑰香）；草莓香味（红富士）
果梗与果粒分离难易	难（红地球）
单穗重（克）	450～650（维多利亚）
单粒重（克）	有核种质＞9（红富士）；无核种质＞4（克瑞森无核）

表6-13 葡萄特异种质资源品质指标

性 状	指标（参照种质）
单穗重	＞900克（里扎马特）
果粒形状	卵圆形（黑鸡心）、弯形（金手指）、束腰形（瓶儿）
幼果颜色	红（谢花红）
果实颜色	白（白果刺葡萄）
果实可滴定酸含量	≥3%（山葡萄76042）
果汁色泽	极深（烟73）

（七）葡 萄 干

1. 无核葡萄干 执行农业行业标准《无核葡萄干》（NY/T 705—2003）。该标准2003年12月1日发布，2004年3月1日实施，适用于以无核葡萄为原料，经自然干燥或人工干燥而制成的无核葡萄干。无核葡萄干分为特级、一级、二级和三级 4 个等级，各等级要求见表 6-14。无核葡萄干水分应≤15％。

表 6-14　无核葡萄干等级要求

项　目	特　级	一　级	二　级	三　级
外　观	果粒饱满,具有本品种固有风味,无异味,质地柔软,大小均匀整齐,色泽一致,无虫蛀果粒		果粒较饱满,具有本品种固有风味,无异味,质地较柔软,大小基本均匀整齐,色泽基本一致,无虫蛀果粒	
主色调	翠绿色	绿　色	黄绿色	黄绿色
杂质(%)	≤0.3	≤0.5	≤1.0	≤1.5
劣质果率(%)	≤2.0	≤5.0	≤7.5	≤10.0

注:果粒主色调仅适用于绿色葡萄干。

2. 地理标志产品吐鲁番葡萄干　执行国家标准《地理标志产品　吐鲁番葡萄干》(GB/T 19586—2008)。该标准 2008 年 6 月 25 日发布,2008 年 10 月 1 日实施,适用于国家质量监督检验检疫行政主管部门根据《地理标志产品保护规定》批准保护的吐鲁番葡萄干。吐鲁番葡萄干分级指标见表 6-15。

表 6-15　地理标志产品吐鲁番葡萄干分级指标

项　目	特　级	一　级	二　级	三　级
外　观	粒大、饱满	粒大、饱满	果粒大小较均匀	
滋　味	具有本品种风味,无异味			
总糖(%)	≥70		≥65	
水分(%)	≤15			
果粒均匀度(%)	≥90	≥80	≥70	≥60

续表 6-15

项　目	特　级	一　级	二　级	三　级
果粒色泽度(%)	≥95	≥90	≥80	≥70
破损果粒(%)	≤1	≤2	≤3	≤5
杂质(%)	≤0.1	≤0.3	≤0.5	≤0.8
霉变果粒	无			
虫蛀果粒	无			

（八）干果类果品流通规范

执行国内贸易行业标准《干果类果品流通规范》(SB/T 11027—2013)。该标准 2013 年 6 月 14 日发布,2014 年 3 月 1 日实施,适用于以新鲜水果(如葡萄、杏、柿子等)为原料,经晾晒、干燥等脱水工艺加工制成的制品。

1. 基本要求 干果类果品应整齐、均匀,无碎屑、虫蛀、霉变、有害杂质。片状制品应片形完整,片厚均匀;块状制品应大小均匀,性状规则。应具有与原料相应的色泽。应具有本品种固有的滋味和气味,无异味。

2. 等　级

(1)等级划分 见表 6-16。

表 6-16　干果类果品等级

项　目	一　级	二　级	三　级
完整度	无损伤、破损、病虫伤	允许有轻微损伤、破损、病虫伤	允许有损伤、破损、病虫伤
含水率	同一包装中产品含水率偏差±2%	同一包装中产品含水率偏差±5%	同一包装中产品含水率偏差±8%

续表 6-16

项　目	一　级	二　级	三　级
均匀度	色泽、大小均匀，同一包装中干果重量差异≤5%	色泽、大小较均匀，同一包装中干果重量差异≤10%	色泽、大小尚均匀，同一包装中干果重量差异≤15%
碎片含量	≤1%	≤2%	≤4%
杂质含量	≤0.5%	≤1%	≤1.5%

（2）容许度　按质量计，一级可有不超过 5% 的产品不符合该等级要求，但符合二级要求；二级可有不超过 10% 的产品不符合该等级要求，但符合三级要求；三级可有不超过 10% 的产品不符合该等级要求，但符合基本要求。

二、安全要求

我国关于葡萄和葡萄干安全要求的标准有 3 项，即《干果食品卫生标准》（GB 16325—2005）、《食品安全国家标准　食品中污染物限量》（GB 2762—2012）和《食品安全国家标准　食品中农药最大残留限量》（GB 2763—2014）。第一项标准规定了干果食品的卫生指标和卫生要求，第二项标准规定了葡萄中污染物限量，第三项标准规定了葡萄和葡萄干中农药最大残留限量。3 项标准均为强制性标准，作为产品销售的葡萄和葡萄干必须满足其要求。

（一）干果食品卫生标准

执行国家标准《干果食品标准卫生标准》（GB 16325—2005）。该标准 2005 年 1 月 25 日发布，2005 年 10 月 1 日实施，适用于以新鲜水果（如桂圆、荔枝、葡萄、柿子等）为原料，经晾晒、干燥等脱水工艺加工制成的干果食品。原料要求：应符合相应的标准和有关规定。感官指标：无虫蛀、霉变、异味。其理化指标见表6-17，微生物指标见表6-18。

表 6-17　干果食品理化指标

指　标	桂　圆	荔　枝	葡萄干	柿　饼
水分（毫升/100毫升）	≤25	≤25	≤20	≤35
总酸（克/100克）	≤1.5	≤1.5	≤2.5	≤6

表 6-18　干果食品微生物指标

指　标	葡萄干	柿　饼
致病菌	不得检出	不得检出

* 包括沙门氏菌、志贺氏菌和金黄色葡萄球菌。

（二）葡萄中污染物限量标准

执行《食品安全国家标准　食品中污染物限量》（GB 2762—2012）。该标准是对国家标准《食品中污染物限量》（GB 2762—2005)的修订，2012年11月13日发布，2013年6月1日实施，葡萄中铅、镉和稀土限量见表6-19。

表 6-19　我国葡萄污染物限量

污染物	限量（毫克/千克）
铅	0.2
镉	0.05
稀土（以稀土氧化物总量计）	0.7

（三）葡萄和葡萄干中农药残留限量标准

农药残留限量是葡萄和葡萄干农药残留评价与监管的重要依据,是葡萄和葡萄干安全消费的重要保障。《食品安全国家标准 食品中农药最大残留限量》(GB 2763—2014)于 2014 年 3 月 20 日由农业部与国家卫生计生委联合发布,2014 年 8 月 1 日起正式实施,代替 GB 2763—2012。作为我国监管葡萄和葡萄干农药残留的唯一强制性国家标准,该标准的颁布实施,对生产有标可依、产品有标可检、执法有标可判,以及严格监管乱用、滥用农药等均有重要意义,将对转变葡萄产业生产方式、提高葡萄和葡萄干国际竞争力、促进葡萄产业可持续发展产生积极影响。GB 2763—2014 共为葡萄制定了 106 项最大残留限量(含再残留限量 9 项、临时限量 19 项),涉及 113 种农药,包括 6 种除草剂、54 种杀虫剂、7 种杀螨剂、41 种杀菌剂、4 种植物生长调节剂和 1 种杀线虫剂(表 6-20)。GB 2763—2014 共为葡萄干制定了 20 项最大残留限量(含临时限量 3 项),涉及 22 种农药,包括 10 种杀虫剂、4 种杀螨剂、7 种杀菌剂和 1 种植物生长调节剂(表 6-21)。

表 6-20　葡萄中农药最大残留限量

主要用途	农　药	ADI	残留物	限　量
除草剂	2,4-滴和 2,4-滴钠盐	0.01	2,4-滴	0.1
	百草枯	0.005	百草枯阳离子,以二氯百草枯表示	0.01
	草甘膦	1	草甘膦	0.1
	氟吡禾灵	0.0007	氟吡禾灵、氟吡禾灵酯及共轭物之和,以氟吡禾灵表示	0.02
	杀草强	0.002	杀草强	0.05

续表 6-20

主要用途	农 药	ADI	残留物	限 量
杀虫剂	保棉磷	0.03	保棉磷	1
	倍硫磷	0.007	倍硫磷及其氧类似物(亚砜、砜化合物)之和,以倍硫磷表示	0.05
	苯线磷	0.0008	苯线磷及其氧类似物(亚砜、砜化合物)之和,以苯线磷表示	0.02
	虫酰肼	0.02	虫酰肼	2
	敌百虫	0.002	敌百虫	0.2
	敌敌畏	0.004	敌敌畏	0.2
	地虫硫磷	0.002	地虫硫磷	0.01
	啶虫脒	0.07	啶虫脒	2
	对硫磷	0.004	对硫磷	0.01
	多杀霉素	0.02	多杀霉素 A 和多杀霉素 D 之和	0.5
	甲胺磷	0.004	甲胺磷	0.05
	甲拌磷	0.0007	甲拌磷及其氧类似物(亚砜、砜)之和,以甲拌磷表示	0.01
	甲基对硫磷	0.003	甲基对硫磷	0.02
	甲基硫环磷		甲基硫环磷	0.03*
	甲基异柳磷	0.003	甲基异柳磷	0.01*
	甲氰菊酯	0.03	甲氰菊酯	5
	久效磷	0.0006	久效磷	0.03
	抗蚜威	0.02	抗蚜威	1
	克百威	0.001	克百威及三羟基克百威之和,以克百威表示	0.02

续表 6-20

主要用途	农 药	ADI	残留物	限 量
杀虫剂	磷 胺	0.0005	磷 胺	0.05
	硫环磷	0.005	硫环磷	0.03*
	螺虫乙酯	0.05	螺虫乙酯及其烯醇类代谢产物之和,以螺虫乙酯表示	2*
	氯虫苯甲酰胺	2	氯虫苯甲酰胺	1*
	氯氟氰菊酯和高效氯氟氰菊酯	0.02	氯氟氰菊酯(异构体之和)	0.2
	氯菊酯	0.05	氯菊酯(异构体之和)	2
	氯氰菊酯和高效氯氰菊酯	0.02	氯氰菊酯(异构体之和)	0.2
	氯唑磷	0.00005	氯唑磷	0.01*
	马拉硫磷	0.3	马拉硫磷	8
	内吸磷▲	0.00004	内吸磷	0.02
	氰戊菊酯和S-氰戊菊酯	0.02	氰戊菊酯(异构体之和)	0.2
	噻虫啉	0.01	噻虫啉	1
	杀虫脒	0.001	杀虫脒	0.01*
	杀螟硫磷	0.006	杀螟硫磷	0.5*
	特丁硫磷	0.0006	特丁硫磷及其氧类似物(亚砜、砜)之和,以特丁硫磷表示	0.01
	涕灭威	0.003	涕灭威及其氧类似物(亚砜、砜)之和,以涕灭威表示	0.02
	辛硫磷	0.004	辛硫磷	0.05

续表 6-20

主要用途	农 药	ADI	残留物	限 量
杀虫剂	溴氰菊酯	0.01	溴氰菊酯（异构体之和）	0.2
	亚胺硫磷	0.01	亚胺硫磷	10
	氧乐果	0.0003	氧乐果	0.02
	乙酰甲胺磷	0.03	乙酰甲胺磷	0.5
	蝇毒磷	0.0003	蝇毒磷	0.05
	治螟磷	0.001	治螟磷	0.01
	艾氏剂	0.0001	艾氏剂	0.05^
	滴滴涕	0.01	p,p'-滴滴涕、o,p'-滴滴涕、p,p'-滴滴伊和 p,p'-滴滴滴之和	0.05^
	狄氏剂	0.0001	狄氏剂	0.02^
	毒杀芬	0.00025	毒杀芬	0.05*^
	六六六	0.005	α-六六六、β-六六六、γ-六六六和 δ-六六六之和	0.05^
	氯 丹	0.0005	顺式氯丹、反式氯丹之和	0.02^
	灭蚁灵	0.0002	灭蚁灵	0.01^
	七 氯	0.0001	七氯与环氧七氯之和	0.01^
	异狄氏剂	0.0002	异狄氏剂与异狄氏剂醛、酮之和	0.05^
杀螨剂	苯丁锡	0.03	苯丁锡	5
	联苯肼酯	0.01	联苯肼酯	0.7
	噻螨酮	0.03	噻螨酮	1
	三环锡	0.007	三环锡	0.3
	三唑锡	0.003	三唑锡	0.3
	四螨嗪	0.02	四螨嗪	2
	溴螨酯	0.03	溴螨酯	2

续表 6-20

主要用途	农 药	ADI	残留物	限 量
杀菌剂	百菌清	0.02	百菌清	0.5
	苯氟磺胺	0.3	苯氟磺胺	15
	苯霜灵	0.07	苯霜灵	0.3
	苯酰菌胺	0.5	苯酰菌胺	5
	吡唑醚菌酯	0.03	吡唑醚菌酯	2
	丙森锌	0.007	二硫代氨基甲酸盐（或酯），以二硫化碳表示	5
	代森联	0.03	二硫代氨基甲酸盐（或酯），以二硫化碳表示	5
	代森锰锌	0.03	二硫代氨基甲酸盐（或酯），以二硫化碳表示	5
	敌螨普	0.008	敌螨普的异构体和敌螨普酚的总量，以敌螨普表示	0.5*
	多菌灵	0.03	多菌灵	3
	氟硅唑	0.007	氟硅唑	0.5
	氟吗啉	0.16	氟吗啉	5*
	腐霉利	0.1	腐霉利	5
	环酰菌胺	0.2	环酰菌胺	15*
	己唑醇	0.005	己唑醇	0.1
杀虫剂	甲苯氟磺胺	0.08	甲苯氟磺胺	3
	甲霜灵和精甲霜灵	0.08	甲霜灵	1
	腈苯唑	0.03	腈苯唑	1
	腈菌唑	0.03	腈菌唑	1

续表 6-20

主要用途	农 药	ADI	残留物	限 量
杀虫剂	克菌丹	0.1	克菌丹	5
	喹氧灵	0.2	喹氧灵	2*
	氯苯嘧啶醇	0.01	氯苯嘧啶醇	0.3
	氯硝胺	0.01	氯硝胺	7
	咪鲜胺和咪鲜胺锰盐	0.01	咪鲜胺及其含有 2、4、6-三氯苯酚部分的代谢产物之和,以咪鲜胺表示	2
	嘧菌酯	0.2	嘧菌酯	5
	嘧霉胺	0.2	嘧霉胺	4
	灭菌丹	0.1	灭菌丹	10
	氰霜唑	0.17	氰霜唑及其代谢物 4-氯-5-(4-甲苯基)-1H-咪唑-2 腈之和	1*
	双胍三辛烷基苯磺酸盐	0.009	双胍辛胺	1*
	双炔酰菌胺	0.2	双炔酰菌胺	2*
	霜霉威和霜霉威盐酸盐	0.4	霜霉威	2
	霜脲氰	0.013	霜脲氰	0.5
	戊菌唑	0.03	戊菌唑	0.2
	戊唑醇	0.03	戊唑醇	2
	烯酰吗啉	0.2	烯酰吗啉	5
	烯唑醇	0.005	烯唑醇	0.2
	亚胺唑	0.0098	亚胺唑	3*
	异菌脲	0.06	异菌脲	10

续表 6-20

主要用途	农药	ADI	残留物	限量
植物生长调节剂	单氰胺	0.002	单氰胺	0.05*
	氯吡脲	0.07	氯吡脲	0.05
	噻苯隆	0.04	噻苯隆	0.05*
	乙烯利	0.05	乙烯利	1
杀线虫剂	灭线磷	0.0004	灭线磷	0.02

注:* 为临时限量,▲是杀螨剂,∧ 为再残留限量。ADI 的单位为毫克/千克·体重。限量的单位为毫克/千克。

表 6-21　葡萄干中农药最大残留限量

主要用途	农药	ADI	残留物	限量
杀虫剂	虫酰肼	0.02	虫酰肼	2
	多杀霉素	0.02	多杀霉素 A 和多杀霉素 D 之和	1
	磷化氢	0.011	磷化氢	0.01
	硫酰氟	0.01	硫酰氟	0.06*
	螺虫乙酯	0.05	螺虫乙酯及其烯醇类代谢产物之和,以螺虫乙酯表示	4*
	氯氟氰菊酯和高效氯氟氰菊酯	0.02	氯氟氰菊酯(异构体之和)	0.3
	氯氰菊酯和高效氯氰菊酯	0.02	氯氰菊酯(异构体之和)	0.5
	醚菊酯	0.03	醚菊酯	8

续表 6-21

主要用途	农　药	ADI	残留物	限　量
杀螨剂	苯丁锡	0.03	苯丁锡	20
	联苯肼酯	0.01	联苯肼酯	2
	噻螨酮	0.03	噻螨酮	1
	四螨嗪	0.02	四螨嗪	2
杀菌剂	苯酰菌胺	0.5	苯酰菌胺	15
	环酰菌胺	0.2	环酰菌胺	25*
	氯苯嘧啶醇	0.01	氯苯嘧啶醇	0.2
	灭菌丹	0.1	灭菌丹	40
	三唑醇	0.03	三唑醇	10
	三唑酮	0.03	三唑酮	10
	戊菌唑	0.03	戊菌唑	0.5
植物生长调节剂	乙烯利	0.05	乙烯利	5

注:标*的为临时限量。ADI 的单位为毫克/千克·体重。限量的单位为毫克/千克。

为便于理解,对下述 4 个术语进行必要解释:①每日允许摄入量(ADI),指人类终生每日摄入某物质,而不产生可检测到的危害健康的估计量,以每千克体重可摄入的量(毫克/千克·体重)表示。②残留物指由于使用农药而在食品、农产品和动物饲料中出现的任何特定物质,包括被认为具有毒理学意义的农药衍生物,如农药转化物、代谢物、反应产物、杂质等。③最大残留限量(MRL)指在食品或农产品内部或表面法定允许的农药最大浓度,以每千克食品或农产品中农药残留的毫克数(毫克/千克)表示。④再残留限量(EMRL)指一些持久性农药虽已禁用,但还长期存在于环境中,从而再次在食品或农产品中形成残留,为控制这类

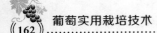

农药残留物对食品和农产品的污染而制定其在食品或农产品中的残留限量,以每千克食品或农产品中农药残留的毫克数(毫克/千克)表示。

参考文献

［1］　冯明祥.无公害果园农药使用指南［M］.北京:金盾出版社,2013.

［2］　贺普超.葡萄学［M］.北京:中国农业出版社,2001.

［3］　胡耐根.重金属铅、汞污染对人的影响［J］.科技信息,2009(35):1186-1187.

［4］　孔庆山.中国葡萄志［M］.北京:中国农业科学技术出版社,2004.

［5］　李家庆.果蔬保鲜手册［M］.北京:中国轻工业出版社,2003.

［6］　刘凤之,段长青.葡萄生产配套技术手册［M］.北京:中国农业出版社,2013.

［7］　刘凤之,王海波.设施葡萄促早栽培实用技术手册［M］.北京:中国农业出版社,2011.

［8］　聂继云,董雅凤.果园重金属污染的危害与防治［J］.中国果树,2002(2):44-47.

［9］　聂继云,董雅凤.果品质量安全标准与评价指标［M］.北京:中国农业出版社,2014.

［10］　《农产品质量安全生产消费指南》编委会.农产品质量安全生产消费指南［M］.北京:中国农业科技出版社,2014.

［11］　王忠跃.中国葡萄病虫害与综合防控技术［M］.北京:中国农业出版社,2009.

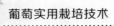
[12] 魏文铎,徐铭,钟文日,等.工厂化高效农业[M].沈阳:辽宁科学技术出版社,1999.

[13] 严大义.红地球葡萄[M].北京:中国农业出版社,2011.

[14] 游勇,鞠荣.重金属对食品的污染及其危害[J].环境,2007(2):102-103.

[15] 袁会珠.农药安全使用知识[M].北京:中国劳动社会保障出版社,2010.

[16] 郑喜坤,鲁安怀,高翔,等.土壤中重金属污染现状与防治方法[J].土壤与环境,2002,11(1):79-84.

[17] 钟格梅,唐振柱.我国环境中镉、铅、砷污染及其对暴露人群健康影响的研究进展[J].环境与健康杂志,2006,23(6):562-565.

三农编辑部新书推荐

书　名	定　价
西葫芦实用栽培技术	16.00
萝卜实用栽培技术	16.00
杏实用栽培技术	15.00
葡萄实用栽培技术	19.00
梨实用栽培技术	21.00
特种昆虫养殖实用技术	29.00
水蛭养殖实用技术	15.00
特禽养殖实用技术	36.00
牛蛙养殖实用技术	15.00
泥鳅养殖实用技术	19.00
设施蔬菜高效栽培与安全施肥	32.00
设施果树高效栽培与安全施肥	29.00
特色经济作物栽培与加工	26.00
砂糖橘实用栽培技术	28.00
黄瓜实用栽培技术	15.00
西瓜实用栽培技术	18.00
怎样当好猪场场长	26.00
林下养蜂技术	25.00
獭兔科学养殖技术	22.00
怎样当好猪场饲养员	18.00
毛兔科学养殖技术	24.00
肉兔科学养殖技术	26.00
羔羊育肥技术	16.00

三农编辑部即将出版的新书

序 号	书 名
1	提高肉鸡养殖效益关键技术
2	提高母猪繁殖率实用技术
3	种草养肉牛实用技术问答
4	怎样当好猪场兽医
5	肉羊养殖创业致富指导
6	肉鸽养殖致富指导
7	果园林地生态养鹅关键技术
8	鸡鸭鹅病中西医防治实用技术
9	毛皮动物疾病防治实用技术
10	天麻实用栽培技术
11	甘草实用栽培技术
12	金银花实用栽培技术
13	黄芪实用栽培技术
14	番茄栽培新技术
15	甜瓜栽培新技术
16	魔芋栽培与加工利用
17	香菇优质生产技术
18	茄子栽培新技术
19	蔬菜栽培关键技术与经验
20	李高产栽培技术
21	枸杞优质丰产栽培
22	草菇优质生产技术
23	山楂优质栽培技术
24	板栗高产栽培技术
25	猕猴桃丰产栽培新技术
26	食用菌菌种生产技术